后浪

光年之外

宇宙观测第一课

L'ASTRONOMIE COMME VOUS NE L'AVEZ JAMAIS VUE

[法]埃玛纽埃尔·博杜安 EMMANUEL BEAUDOIN
[法]埃玛纽埃尔·德洛尔 EMMANUEL DELORT 著
刘存孝 刘思瑞 译

北京联合出版公司
Beijing United Publishing Co.,Ltd.

致　谢 5
如何使用本书？ 5

第一章　我们在宇宙中的位置 7

宇宙的诞生和演化 8
各种天体的大小 10
巨大的结构 12
银河系 14
太阳系 16
地-月系统 18

第二章　肉眼观测初步 21

回转地球 22
理解四季的更替 24
随着季节观察天空 26
不要迷失方向 28
星座——人类想象力的果实 30
月球的相位 32
月球——夜之皇后 34
行星——游荡的星球 36
天体坐标 38
南半球的天空 40
追踪人造卫星 42
不用望远镜给天空拍张照 44

第三章　望远镜初试 47

使用观测仪器看什么 48
选择和使用双筒望远镜 50
选择天文望远镜 52
调节望远镜的镜片 54
得心应手地使用天文架台 56
准备一次观测 58
毫不费力地瞄准星辰 60
像专业人员那样观测 I 62
像专业人员那样观测 II 64
在法国观测 66
世界大型天文台 68
给行星拍张照吧 70
给深空拍张照吧 72

第四章　揭秘太阳系 75
在地球大气层内 76
太阳——我们的恒星 78
放大月球 82
食 86
水星，在太阳的火焰下 88
金星——一个大火炉 92
火星——生锈的行星 96
木星——云雾的王国 100
土星和它的光环 104
位于太阳系边缘的天王星和海王星 108
小行星——太阳系的小石子 112
彗星——来自寒冷地带的旅行者 116

第五章　星光世界 121
星星离我们有多远 122
恒星的一生 126
恒星夫妻 130
变星眨了眨眼 134
星云——恒星诞生之地 138
星团——群星云集之地 142
当恒星死亡时 146

第六章　通往其他星系之路 151
银河系——我们的城市 152
仙女座——我们的大邻居 156
各种形状的星系 160
星系碰撞 164
室女星系团 168
宇宙的边缘 172

第七章　星图 177
月面图 178
春季星图 180
夏季星图 182
秋季星图 184
冬季星图 186

参考书目 188
出版后记・为什么我们仍在仰望星空 189

前　言

为什么我们想把人所未见的天文学展示出来？因为，天文学毕竟是一门让人读不尽、看不完的科学啊！

将重点放在宇宙的奇异现象上，可能与我们的雄心不无关系。这里是液态的淡盐水，从火星峡谷的山坡上倾泻而下。那里是一颗小卫星，仅仅凭借它上面火山的力量就点亮了巨大的极光。你想寻找惊奇的感觉吗？那就去看看我们的星系年轻时是什么样子吧。你想让自己感到战栗吗？当你发现我们的星系将会被一个更大的星系撞得灰飞烟灭的时候，就能体会到了。你觉得自己无所不知吗？那就请试着准确无误地回答出这本书里提出的所有问题吧！

本书不失为一本直观的指南，尽管这不是写作本书的主要目的。在这本书里，你可以读到天体坐标如何在变幻莫测的天空里重叠，或者通过一张大图表把“食”这一天文现象了解得一清二楚；你还可以沉浸在黄昏的原理和月亮相位的变化中，阅读体验几乎和在现实世界中观察到的一样；最后，从朱诺号探测器捕捉的木星雷暴底片，到位于火星风暴中的好奇号探测器的自拍照，你一定会对这些珍贵的影像资料感到痴迷。

本书旨在让你们行动起来，用肉眼，用双筒望远镜，甚至用天文望远镜去观察天空。我们向你们提供任何建议，帮助你们选择合适的器材，毫不费力地使用它们去观察令人叹为观止的天体和天文现象。到那个时候，你们还会感到震惊：一旦所有的准备工作就绪，你们将发现自己首次置身于观测舱内，所有必备的信息都一览无余——最佳观测时期、理想的放大率和可能用到的滤镜。当然，还少不了舷窗外的星球！

有一点是我可以肯定的，这样的天文学，无论是大人还是小孩，谁都从来没有见到过！

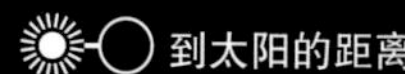

致　谢

我们极为感谢安娜·蓬蓬从始至终参与了该项目，感谢她表现出的高度热忱和她提供的宝贵建议。我们还要感谢萨拉·福韦耶的参与和卡特林·埃旺-博杜安的精心审阅。我们要向为此书的图解做出贡献的摄影家们表示诚挚的谢意，特别是提供了许多图片的阿塔卡马摄影天文台小组和法比安·谢罗，法比安提供的超乎寻常的软件Stellarium是本书中所有星图的基础。最后，我们还要感谢弗兰克·塞金参与了图像志的研究。

如何使用本书？

本书的众多图表简明地展示了不同的星体和天文现象，本书的文字则侧重解说它们最引人注目的方面。从第四章至第六章，每个天体均用两个双页篇幅描述：第一页介绍其特点，第二页则介绍用肉眼、双筒望远镜或天文望远镜能够观察到的更加有趣的现象。观察图表让人对天体的观测地点（城市或乡村）、最佳观测时期、理想的放大率和可能使用到的滤镜等内容一目了然。第七章收集了对观测者有帮助的星图，包括一张月面图和四张展示了四季的奇妙天空的星图。

第一章

我们在宇宙中的位置

是否从定位开始说起呢？比方说先看看宇宙从混沌中诞生这一演化过程，或者先探寻星系团，然后再更细致地了解我们所处的星系的形态——先将太阳系一下子揽入眼中，最终回归蓝色星球的怀抱。言归正传，还是从标定我们在宇宙中的位置开始吧！

宇宙的诞生和演化

宇宙是一部横跨138亿年的小说，这期间充满了跌宕起伏的生生灭灭，它们集中爆发在宇宙诞生的时刻，宇宙的未来也无法确定，这告诉我们：无论在何时，都没有什么是永恒的。

大爆炸

如果用胶片记录宇宙的一生，当回放这段影片时，我们将会看到一个体积小、密度大、温度高的年轻宇宙。这有违我们经常听到的说法，其实谁也无法告诉你这种状态是否就是宇宙的起源。

普朗克时间

在比已经如此极端短暂的时间还要短时，什么都不再能够认知，物理方程式不再起作用，体积或温度也无法计算。这个时间就像一堵让理论行不通的墙，它被称为“普朗克墙”。

宇宙微波背景

宇宙微波背景是我们能获取到的最早的宇宙图像，那时的宇宙突然变得透明。在这光与热的洪流中——当时的温度高达3 000摄氏度，天文学家们观察到微小的量子涨落，这是星系正在成形。宇宙微波背景的最佳影像于2012年由WMAP（威尔金森微波各向异性探测器）拍摄。

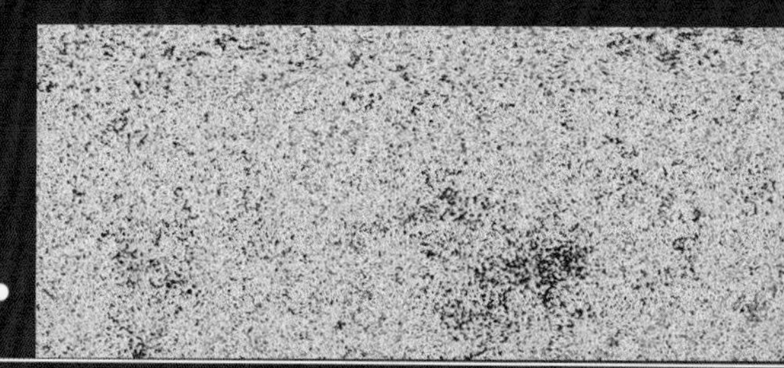

大爆炸

10^{-43}秒	10^{-36}秒	10^{-9}秒	10^{-6}秒	3分钟	38万年	黑暗时期
普朗克时间	暴胀	四种基本作用力相分离	第一批质子和中子出现	原初核合成	电子与质子相结合，宇宙变得透明	

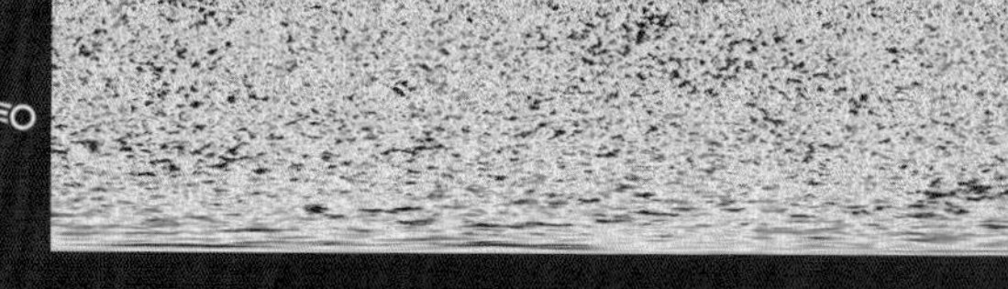

暴胀

在10^{-36}—10^{-32}秒内，宇宙从仅有一粒质子的大小膨胀到了一座网球场那么大。这一瞬间的剧烈膨胀产生了细微的非均匀性尘埃，这些尘埃形成了后来的宇宙。

原初核合成

在大爆炸后3—20分内，氢核结合形成氦核，这两种元素在今天的宇宙中最为丰富。在此之后，宇宙的温度降低，核反应无法发生。

宇宙的黑暗时期

诞生38万年后，宇宙方能够让光线通过……在此之前，宇宙中的物质还不够紧密：宇宙中没有一颗闪烁的星星，也没有任何发光的天体！

借助于天体物理学家的粒子物理学

由于天体物理学家永远不可能透过宇宙微波背景的重幕观察到早期宇宙，他们在粒子加速器中模拟了宇宙诞生的条件。在最强大的粒子加速器LHC（大型强子对撞机）中，一个小小的粒子能获得一只飞行中的蚊子所需的全部能量，然而这还不够，因为如果想让粒子的速度接近普朗克墙，我们提供给它的能量要能够使一辆高速铁路列车全速运行……

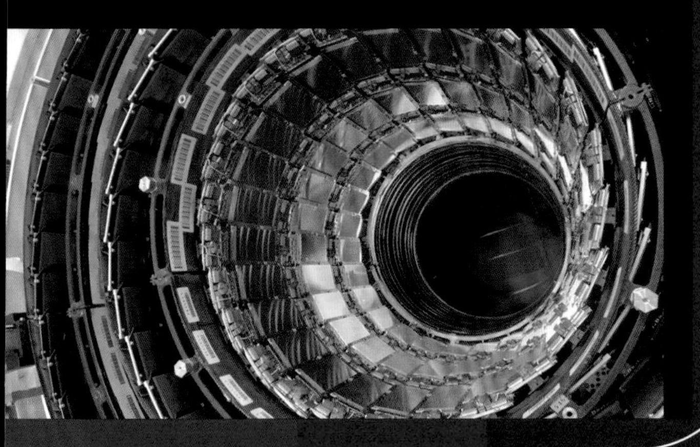

3 亿年
第一批星球和星系出现

90 亿年
太阳系诞生

100 亿年
地球上最早的生命出现

138 亿年
现在

未来

200 亿—300 亿年

大撕裂

加速宇宙膨胀的神秘暗能量，超越其他一切能量，正在迅速地摧毁宇宙。首先它使星系分解，接着轮到了恒星和行星，最后连原子本身也四分五裂。

1 000 亿年

大挤压

在目前我们观察到的膨胀阶段结束之后，宇宙将再次收缩，重新回到其微小紧密的状态。这一场景不可能出现，除非未来暗能量的作用方式与现在不同。

100 000 亿年

大冻结

宇宙膨胀以当前的节奏或者以更快的速度进行，最后几代恒星将在100万亿年内诞生，此后宇宙不再产生发光物体，并不可避免地熄灭。在目前人类的认知范畴内，这是最有可能出现的情形。

爱因斯坦和宇宙的膨胀

在天体物理学家们观察到星系退行之前，广义相对论就已经预见到了宇宙正在膨胀……只是当时爱因斯坦是如此确信宇宙是静止的，以至于他在自己的方程式中添加了宇宙学常数，以抵消宇宙膨胀的影响。用他自己的话说，这是他一生中最大的错误。

各种天体的大小

通过展示宇宙中大小各异的天体，我们在这里呈现给大家一幅细节逐步放大的宇宙图景……或许能让大家在一定程度上感受宇宙的浩瀚规模。

各种天体的大小极为不同。宇宙和构成它的各星系巨大到难以用千米，而是用光年来表示。1光年是光在1年里走过的距离，大约相当于100 000亿千米。有些天体比人们想象的要小得多：一颗中子星与法国巴黎的大小差不多。

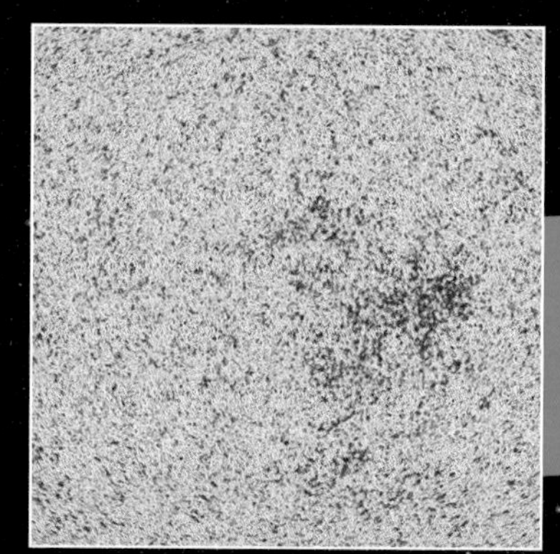

138 亿光年
可观测到的宇宙

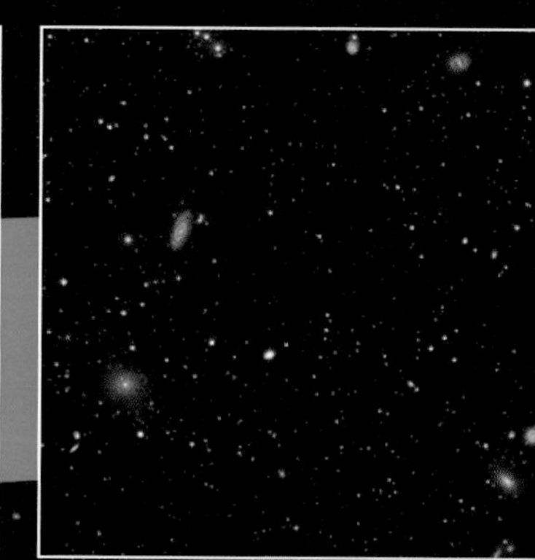

1 亿光年
超星系团

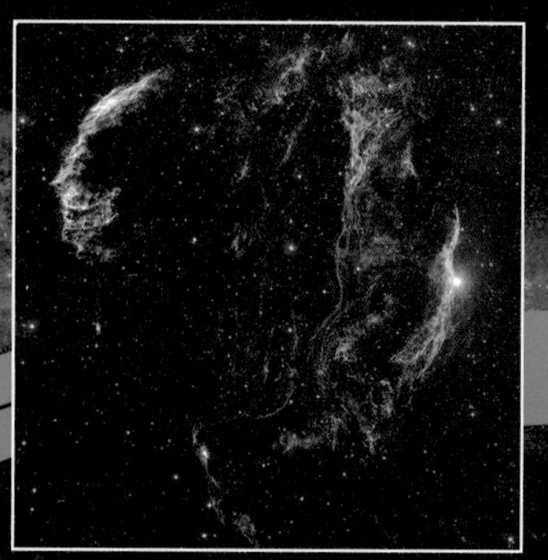

100 光年
天鹅座的花边：超新星遗迹

24 光年
猎户座星云：气体云

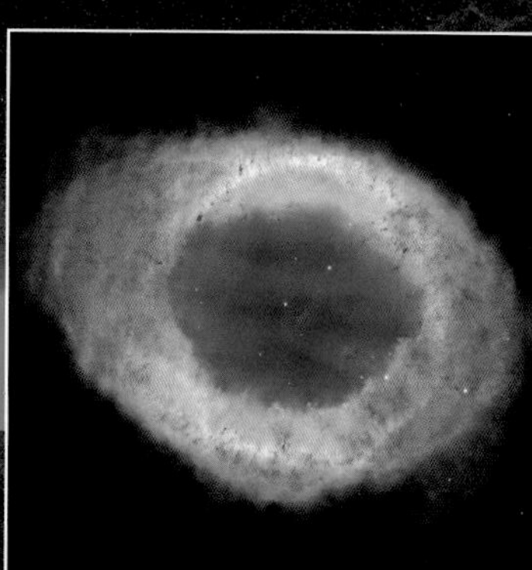

3 光年
天琴座环状星云：恒星遗迹

380 000 千米
地球和月球之间的距离

140 000 千米
木星：巨行星

12 740 千米
地球：类地行星

10 000 000光年
本星系群

100 000光年
银河系：我们的星系

14 000光年
大麦哲伦云

300亿千米
太阳系

16亿千米
参宿四：超巨星

1 400 000千米
太阳：普通恒星

900千米
谷神星：小行星

30千米
海尔－波普彗星

10千米
蟹状星云脉冲星：中子星

巨大的结构

一个世纪前，我们对宇宙的大小和构造一无所知。我们不久前才弄明白宇宙并不只局限于银河系。从那时起，我们对浩瀚无比的宇宙的理解不断加深。

浩瀚无比的宇宙有点像一张蜘蛛网：星系在里面不是均匀分布的，而是集中起来形成星系纤维。这些巨大的纤维状结构纠缠在一起，密实而明亮，构成了星系团。空旷的真空地带分开了这些星系纤维和星系团。宇宙可能被一种无人知晓的暗能量和不可见物质所控制。正因如此，我们还有很多未知的事物要弄明白。

拉尼亚凯亚，我们在宇宙中的大陆

2014年，天文学家们发现我们的星系——银河系——是一个直径达5亿光年的巨大的超星系团的一部分。他们称其为“拉尼亚凯亚”，在夏威夷语中的意思是“广阔的天景线”。如果将银河系视为一个聚集了众多星球的城市，拉尼亚凯亚就像是一块承载着10万座这样的城市（大小至少和银河系相同的星系）和100万座比较小的村庄（矮星系）的大陆。

宇宙的构成：

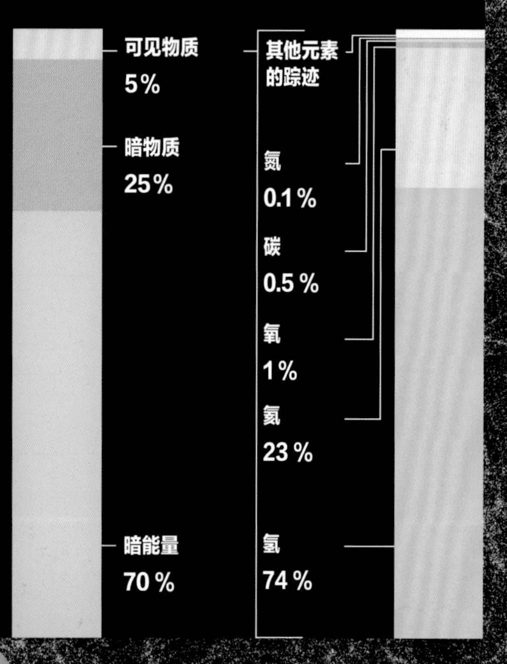

拉尼亚凯亚

聚焦我们的星系

当我们从拉尼亚凯亚的边缘朝着银河系前行时，首先映入眼帘的是一组界限分明的星系群：室女座超星系团。这一结构中聚集了差不多10 000个星系。朝着我们的星系继续深入，我们最终进入到一个直径仅有1000万光年的小星系团：本星系群。本星系群中居统治地位的两个星系是仙女座星系和人类所在的银河系。

仿真模拟教给我们的东西

模拟宇宙，需要大量的暗能量，一点点暗物质，再加上些许可见物质，然后让最强大的计算机运算几天。这样我们就能观察到获得的星系和星团的模样了。能告诉我们宇宙结构的最佳方案，是那些最接近实际观察结果的仿真模拟。

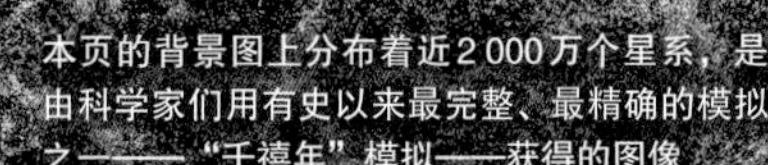

本页的背景图上分布着近2 000万个星系，是由科学家们用有史以来最完整、最精确的模拟之一——“千禧年”模拟——获得的图像

Q&A 宇宙中星系的总数大约是多少？

天文学家估出的数字是20 000亿，目前可观测到的仅占10%。

银河系

这是我们在宇宙中居住的地方，是一座充满星和光的广阔城市，它的中心是一个黑洞。如果这座城市同纽约一样大，那么太阳系将不会比一粒大头针大。

银河系诞生：

132 亿年前

史前人类出现：

700 万年前

直径：

10 万光年

恒星数量：

约2 000 亿颗，是世界人口总和的26倍

质量：

500 亿个太阳的质量总和

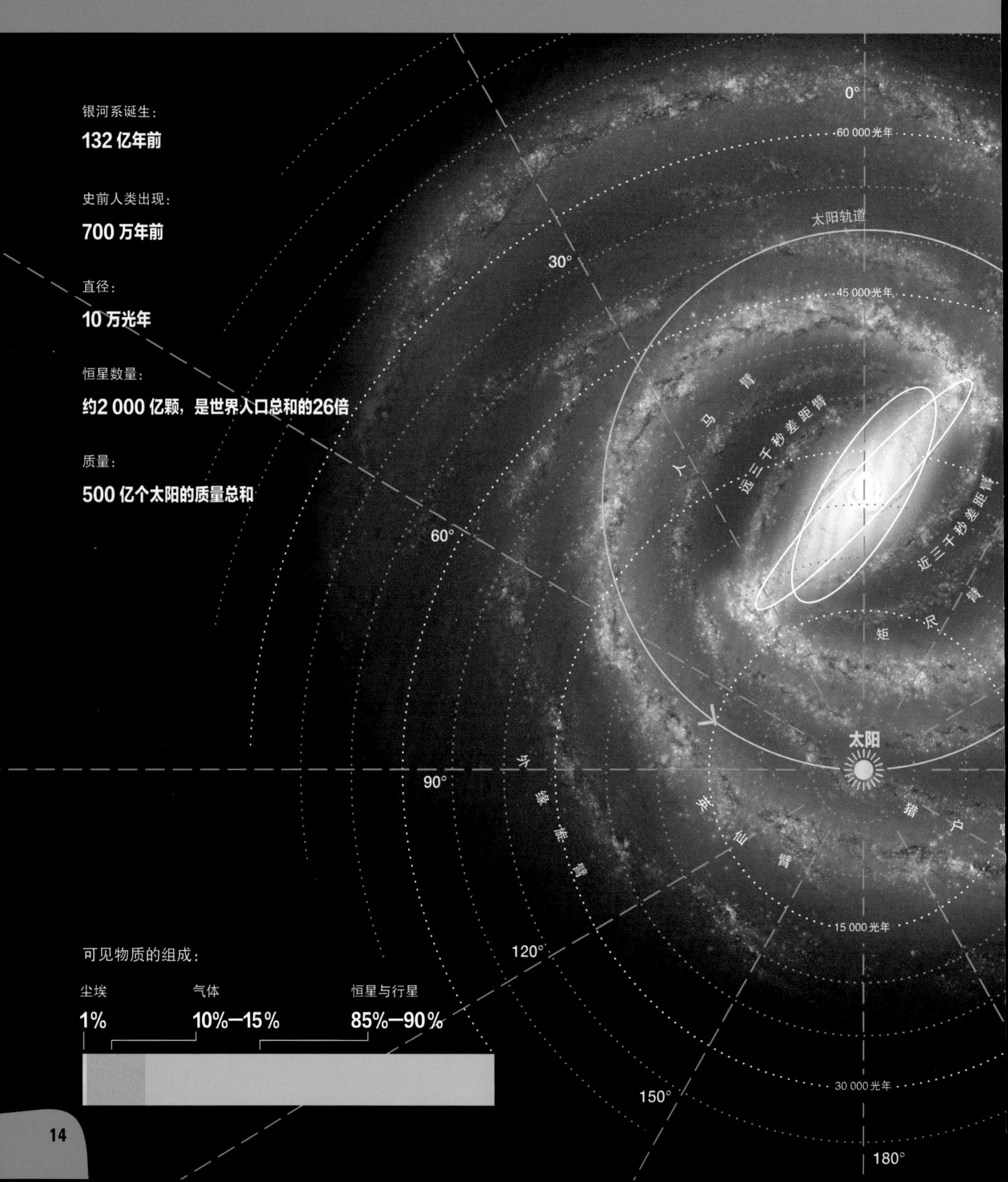

可见物质的组成：

尘埃	气体	恒星与行星
1%	10%—15%	85%—90%

位于银河系中心的黑洞的质量可能相当于太阳的400万倍，它的体积却比太阳系还要小。在大多数大星系的中心，可能都存在着这样的宇宙怪物。

扩散式的界限

银河系的边界没有人们想象的那样清晰。特别的是，微弱的气体包围着银河系螺旋盘，延伸到很远的地方。天文学家们已经观察到了这些微弱的云层，称之为银河卷云。

宇宙的中心？

20世纪初，哈洛·沙普利通过测量我们与位于银河系中心的球状星团之间的距离，得到了我们在银河系中的位置。他得到的值是26 000光年，这一距离表明银河系比我们想象的要大得多。毫无疑问，我们也因此失去了宇宙中心的地位。

太阳在银河系里疯狂地奔跑

我们的太阳围绕着银河中心以250千米/秒的速度旋转。即使以这样的速度，太阳至少也得花2亿年，才能跑完一圈。远离银河系中心时，恒星几乎不会放慢速度。这意味着银河系主要被一团看不见的物体操控：这就是暗物质。

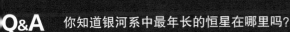

330°
300°
270°
240°
盾牌-半人马臂
船底-人马臂
新外缘旋臂

你知道银河系中最年长的恒星在哪里吗？

太阳系

这个地方和银河系中几十亿类似的系统一样：几颗行星围绕着和太阳一样普通的恒星运行。太阳系是唯 个可以维持生命存在的地方吗？

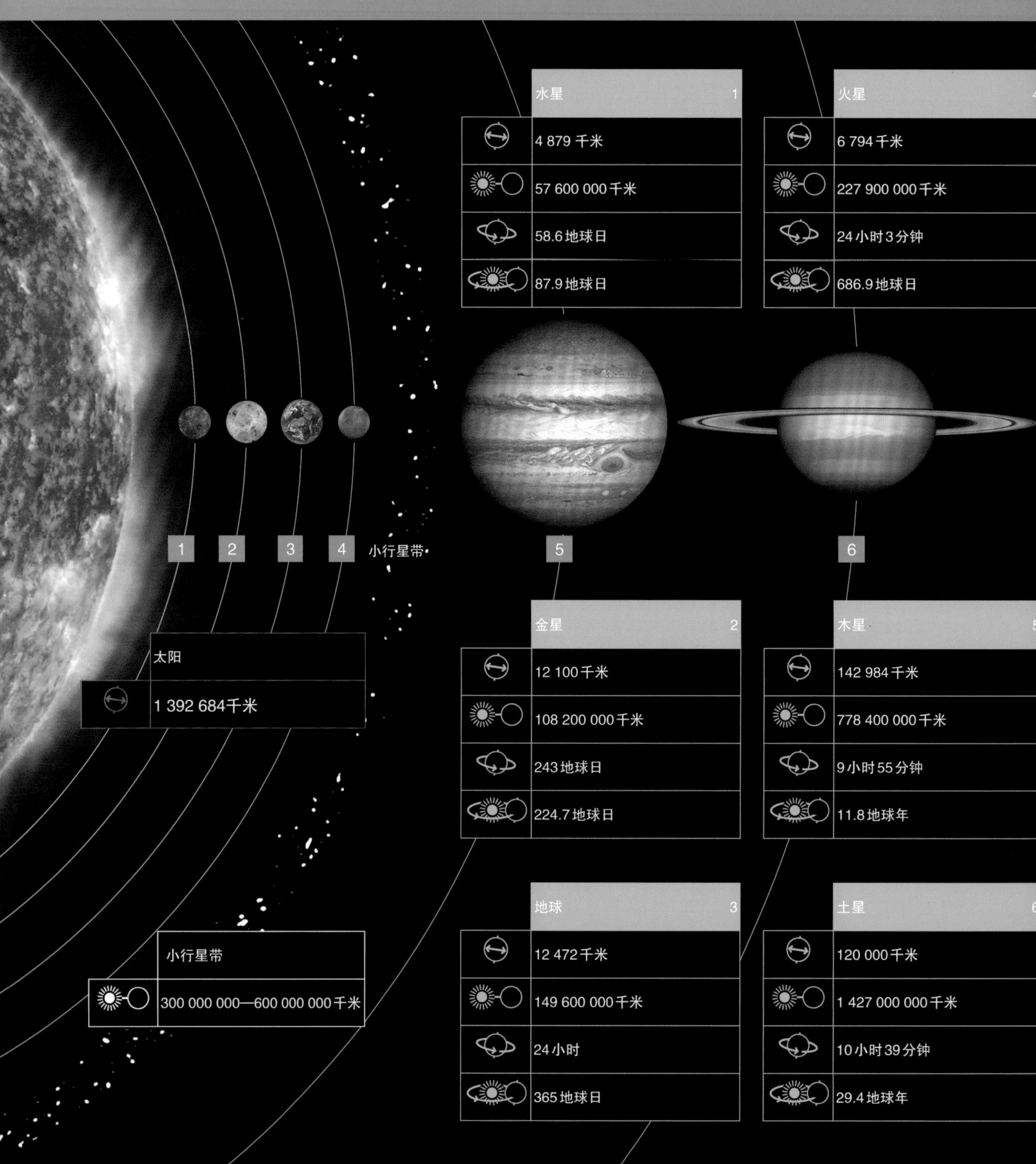

水星 1
4 879 千米
57 600 000千米
58.6地球日
87.9地球日
火星 4
6 794千米
227 900 000千米
24小时3分钟
686.9地球日
1
2
3
4
小行星带
5
6
太阳
1 392 684千米
金星 2
12 100千米
108 200 000千米
243地球日
224.7地球日
木星 5
142 984千米
778 400 000千米
9小时55分钟
11.8地球年
地球 3
12 472千米
149 600 000千米
24小时
365地球日
土星 6
120 000千米
1 427 000 000千米
10小时39分钟
29.4地球年
小行星带
300 000 000—600 000 000千米

天王星	7
直径	51 118千米
距太阳	2 871 000 000千米
自转	17小时14分钟
公转	84地球年

7

8

海王星	8
直径	49 500千米
距太阳	4 498 000 000千米
自转	16小时6分钟
公转	164地球年

	柯伊伯带
距太阳	4 500 000 000—9 000 000 000千米

空公转轨道的行星称为矮行星，离我们最近的矮行星是谷神星，它是小行星带上唯一的球状天体。目前已知最大的两颗矮行星是阋神星和冥王星。

	冥王星
直径	2 370千米
距太阳	5 900 000 000千米
自转	6.4地球日
公转	247.7地球年

	阋神星
直径	2 325千米
距太阳	10 100 000 000千米
自转	1.1地球日
公转	556.4地球年

柯伊伯带

奥尔特云

奥尔特云

奥尔特云是一个巨大的球体云团，里面充满了数十亿个冰冷的微小天体，受到太阳的引力影响。它绵延了近一光年，是海王星距太阳的数千倍。我们观察到的大部分彗星都来自奥尔特云。

开普勒与行星的运动

17世纪初，开普勒准确地理解了行星围绕太阳的运动，并阐明了至今仍被用于探测太阳系的三个定律。他的三个定律分别是：1.行星的公转轨道是椭圆的；2.行星距离太阳较远时运行速度较慢；3.行星的公转周期随着与太阳距离的增加而延长。本页插图中的数据可以证实这三定律！

地–月系统

月球无法逃遁地围绕着地球旋转，作为报复，它将我们的海洋和人陆搅得天翻地覆——地–月系统令人惊愕地展示了引力的强大力量。

小潮（上弦月）
月球、地球、太阳之间的连线相垂直

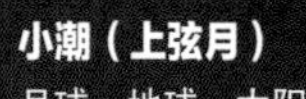

大潮（新月）
月球、地球、太阳排成一行，月球位于地球与太阳之间

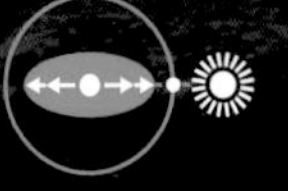

月球对地球的影响

没有什么比在涨潮的日子里看着随海平面上升的浪花，更能让我们领略月球和地球之间的吸引力作用！当月球经过时，地壳上升40多厘米。引力的大小与相互作用的两个物体的质量成正比例关系，月球与植物之间的引力微乎其微，因此月球不能影响植物的长势……得把这事告诉园丁啊！此外，月球能使地球稳定，防止其偏离轴心……同时也不可避免地减缓了地球的自转速度。

地球　　地球同步卫星

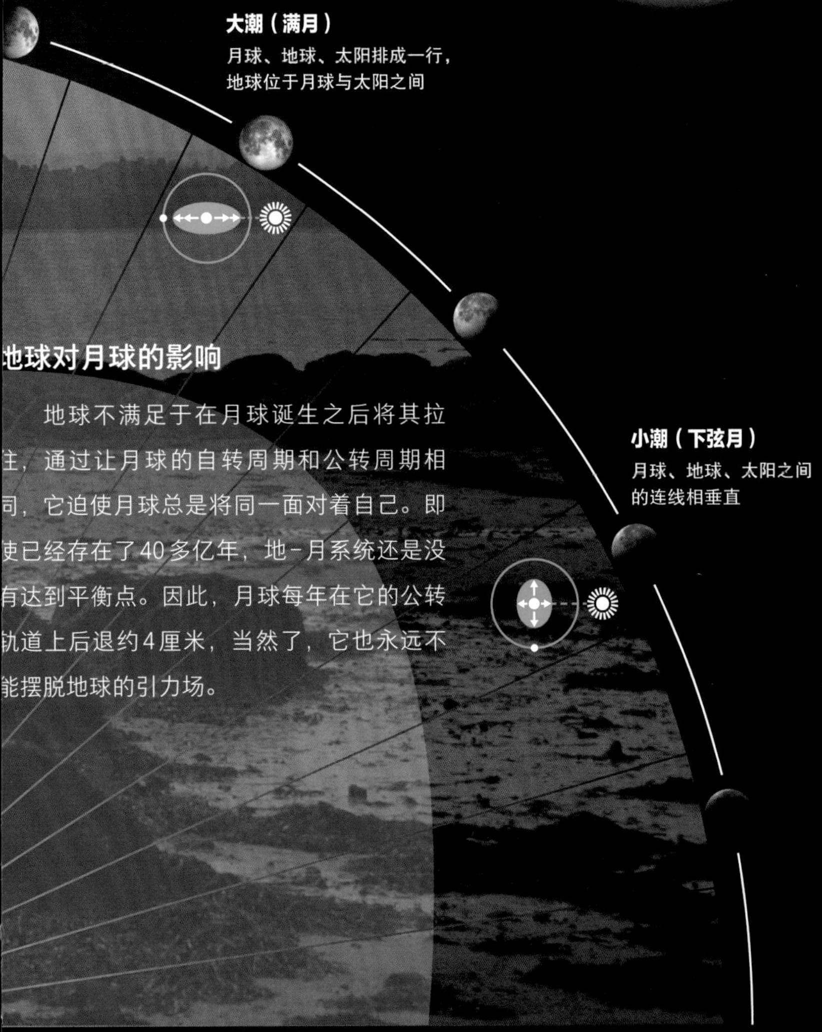

大潮（满月）

月球、地球、太阳排成一行，地球位于月球与太阳之间

地球对月球的影响

地球不满足于在月球诞生之后将其拉住，通过让月球的自转周期和公转周期相同，它迫使月球总是将同一面对着自己。即使已经存在了40多亿年，地-月系统还是没有达到平衡点。因此，月球每年在它的公转轨道上后退约4厘米，当然了，它也永远不能摆脱地球的引力场。

小潮（下弦月）

月球、地球、太阳之间的连线相垂直

太阳的质量比月球大得多，但它距离地球也更远，因此太阳对潮汐的影响力只有月球的一半

12 000千米

月球

人类在远离地球的地方完成的唯一一次旅行。

仅用4天的时间航行38万千米抵达月球，这是一次前所未有的艰难旅行，享有踏足于地球之外的土地这一特权的仅有几个人。人类首次登月发生在1969年。我们的下一个目标可能是火星，它比月球还远大约300倍……

第二章

肉眼观测初步

令人难以置信的是，当我们抬头仰望天空时，仅用肉眼就能观察到许多东西。不过光是观察还不够，我们还要弄明白这背后的原理。天文学家们没有等到发明出天文望远镜，就搞清楚了天空的构造、四季的轮替，以及复杂的行星运动。同样，你们不需要等待，就可以迈出肉眼观测的第一步。

回转地球

和宇宙中的任何星球一样，我们的地球在自转。从地球诞生之初至今，白天的太阳、夜晚的星星，都是这一令人眩晕的自转体空中的常客。

日、夜……日、夜……

地球自转的必然结果就是当太阳分别处于地平线之上和之下时，白昼与黑夜交替。白天，地球自西向东转，太阳从东方升起，在西方降落，天空中的任何星星都是如此。

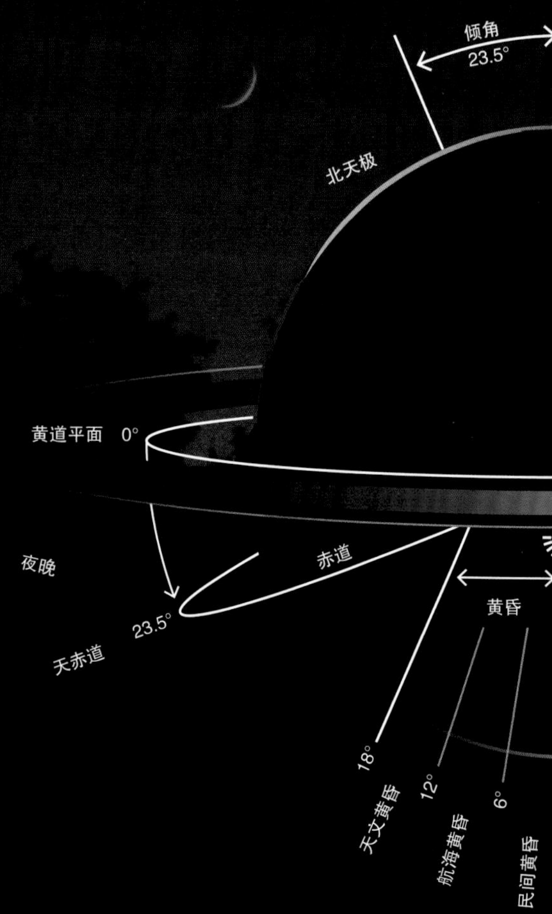

观察地球的自转速度

弄明白地球转得有多快的最好方法是观察太阳以多快的速度落山，或者满月以多快的速度从地平线上升起。其实，由于地球自转，我们在毫无觉察的情况下每小时能走至少1 500千米！

狗和狼之间①

地球的大气层能够折射太阳光。这一现象不仅使白天的天空看起来是蓝色的，而且使太阳落山后的夜幕逐渐降临（即清晨或黄昏）。太阳必须低于地平线至少18°，夜晚才会完全黑下来。在外太空，宇航员们从白天到夜晚之间没有过渡期，反之亦然。

① 法语俗语，用来指代清晨或黄昏，此时自然光较弱，难以分辨狗和狼这两种相似度极高的动物。——编者注

由于地球的自转，恒星和太阳，行星和月球围绕着天极自东向西旋转，天极是天穹中唯一静止不动的点，北天极由北极星标识。如果你有一架照相机，可以拍一张长曝光照片，这会清晰地展示出天体的运动轨迹。

钟摆得出的证明

如果地球转得这么快，为什么我们没有觉察到？为什么从塔楼上掉下来的石头总是落在脚下？那些只相信眼见为实的人，一直到1851年才等到了地球自转的无可辩驳的证据。那一年，莱昂·傅科证明了摆动的钟摆是在绕着一个固定点旋转。这只有在地球自转的情况下才可能！

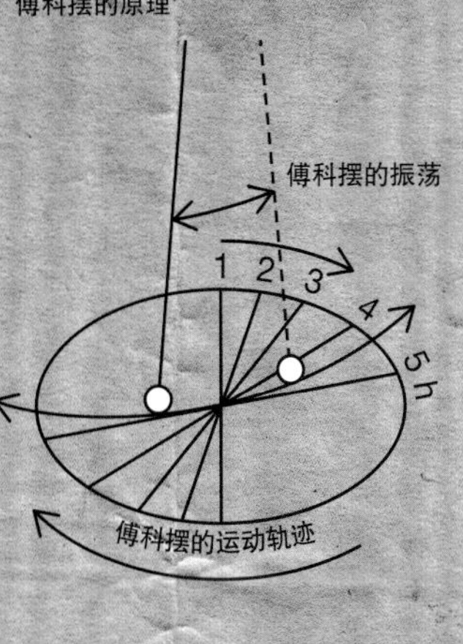

理解四季的更替

我们将奇妙的四季变换归因于地球自转轴的倾斜。多亏了这个倾斜的自转轴，南北半球表面的光照区域才会随着地球的公转而变化。

一年的时光，很复杂

我们的地球围绕太阳转一圈用时365又1/4天。因为我们不能将一天一分为四，所以我们把一年分为365天，另外每隔四年，逢闰年时加上一天。这还没完，如果想让每年的春季都在3月20日左右开始，不受地球像陀螺一样自转的影响，那么我们就必须略微放慢岁月的节奏。要做到这一点，四个世纪中只有一个世纪的元年是闰年：1900年、2100年、2200年和2300年都是平年，而2000年则是闰年。格里历（公历）不简单哟！

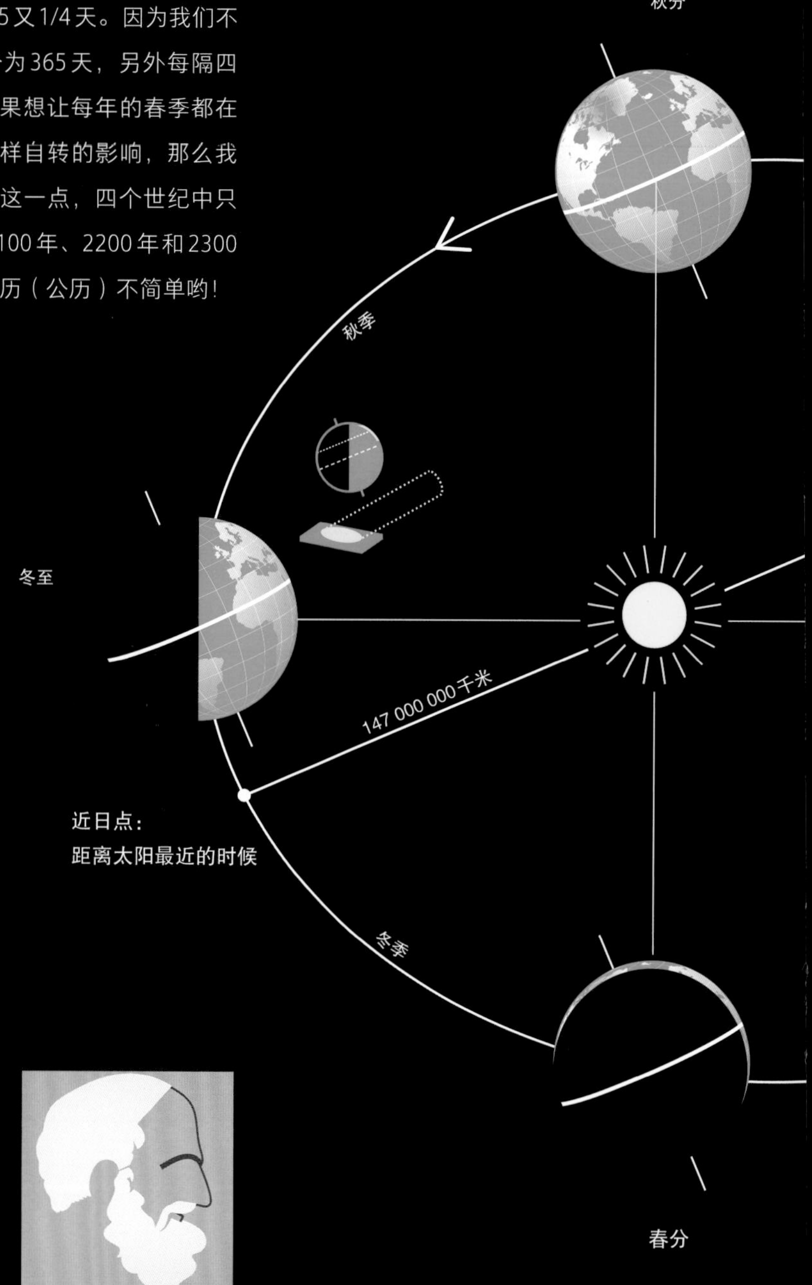

我们的星球像陀螺一样旋转

在古代，喜帕恰斯（公元前190—公元前120）注意到天空中星斗的位置在缓慢地变化——这就是岁差现象。这一现象源自地球像陀螺一样旋转。地球的自转轴转一大圈大约需要26 000年，它会随着时间的推移改变方向。如今，自转轴指向北极星；但是，在喜帕恰斯那个年代，没有一颗闪亮的星星位于北极的方向。12 000年后，天琴座的织女星将成为我们的北极星，而猎户座将会在夏日的天空中公然登场——真是让人头晕目眩！

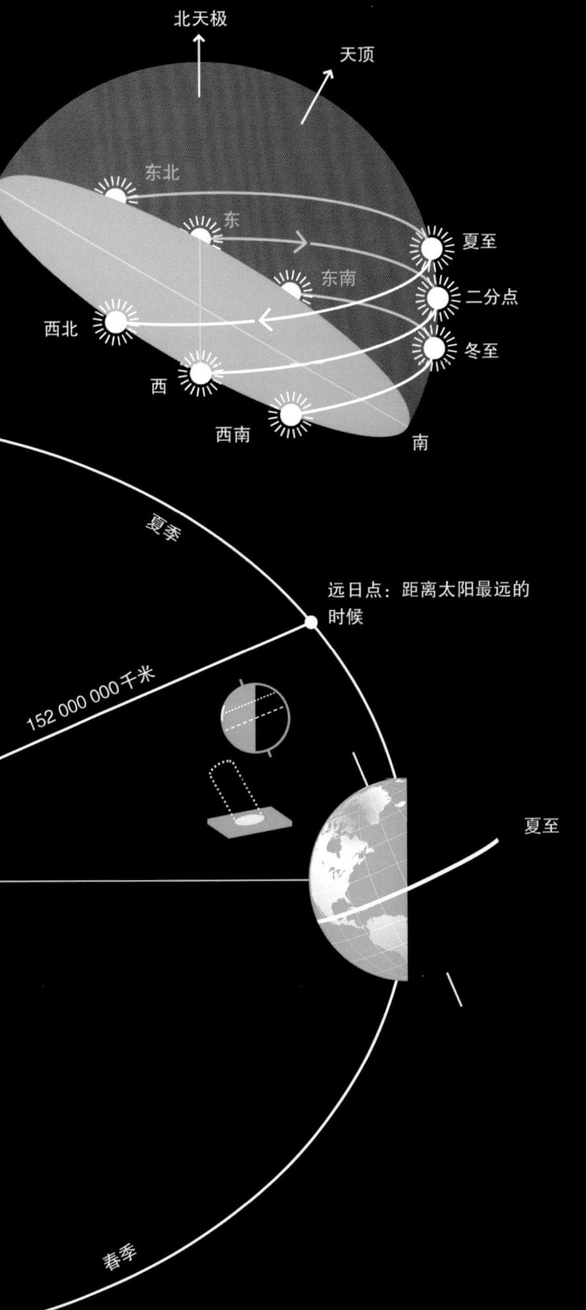

哥白尼革命

1514年，尼古拉·哥白尼（1473—1543）提出了新的天体运行论：除了围绕着地球旋转的月球以外，所有的行星——包括地球在内，都围绕太阳旋转。明显是担心来自教会的压力和同行的威胁，哥白尼晚年才在其著作《天体运行论》中公开了他的学说。这部著作没有立即引起反响，然而半个世纪之后，开普勒的行星运动定律和伽利略通过天文望远镜对行星的观察证实了哥白尼的模型。地球绕倾斜的轴自转，同时也围绕太阳公转，而地球的自转轴不与其公转轨道平面垂直，四季交替现象因此产生。

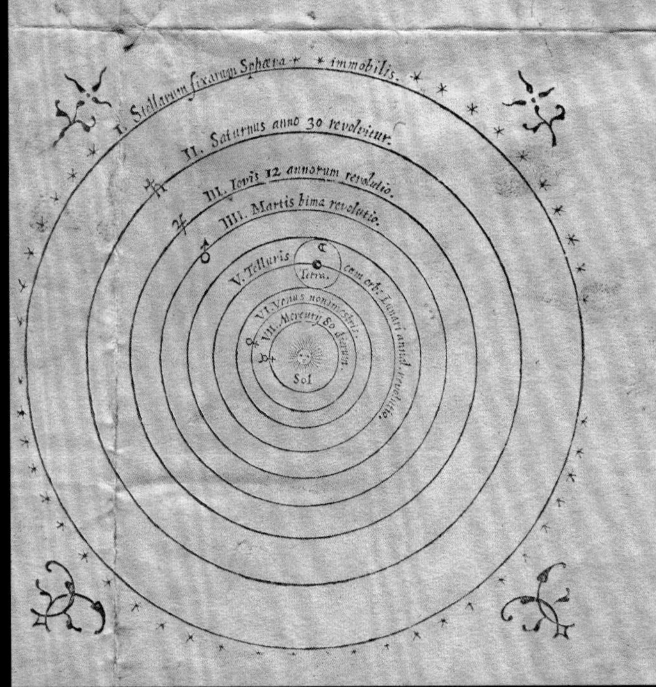

Q&A 一年四季持续的时间都一样长吗？

不是，最长的是夏季，比最短的冬季多4.5天。这一差别与地球的公转轨道为椭圆形有关：地球在夏季时离太阳最远，因此走得比较慢。

随着季节观察天空

根据地球环绕太阳时的位置不同，当夜幕降临时，我们可以观察到银河系的不同区域。正是因为如此，我们才能在不同的季节里看到不同的星空。

白天的弹性时长

由于太阳在天空中的高度有差别，根据所处的季节不同，白天的时长变化很大。在夏季，白天长达16个小时；而在冬季，白天的时长仅仅是它的一半。在赤道上，这种情况不明显；但在两极，变化就更为极端，那里有长达6个月的夏季和长达6个月的冬季。

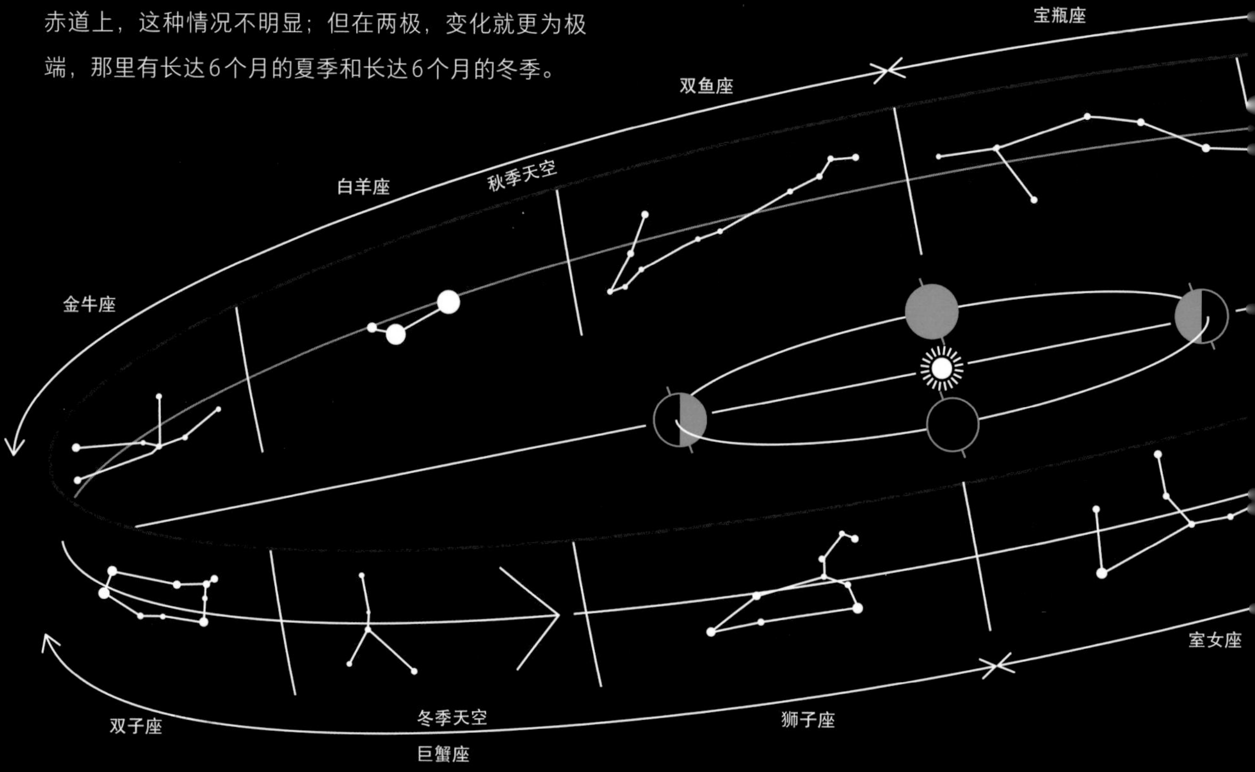

宝瓶座
双鱼座
白羊座
秋季天空
金牛座
室女座
双子座
冬季天空
巨蟹座
狮子座

在北半球向南望的夏季天空

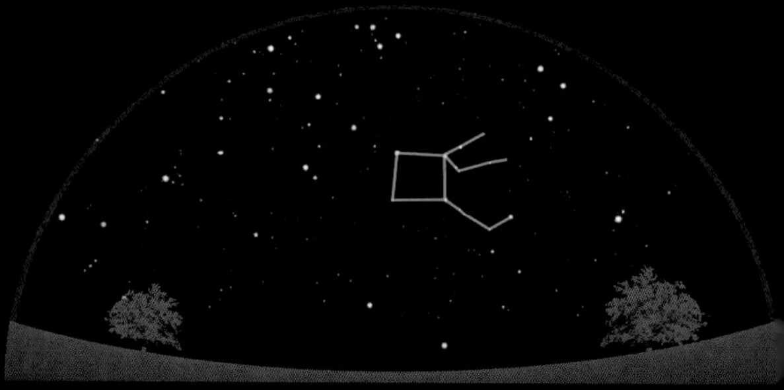

在北半球向南望的秋季天空

不管在什么季节，我们都要等到黄昏结束之后才能很好地区分星星。黄昏能让眼睛至少有15分钟的时间习惯黑暗：这段时间内禁止使用手机！此外，在没有月亮的夜晚，银河系和那些光亮微弱的星系只能在远离城市光污染的情况下才看得见。

需要稍微计算一下……

尽管地球在公转轨道上不断移动，但我们总是能在正午时分看到太阳越过子午线。结果，星空夜夜都在发生变化：虽然地球的自转周期为23小时56分钟4秒，但我们并不将这一时间定义为平常的一天，而是以相邻两次太阳越过子午线的时间间隔为一天，即24小时。这样就会导致虽然太阳在每天正午越过子午线，但其他恒星每晚都比前一天提前4分钟越过子午线，一个月下来累计达两小时。随着季节的变化，星座不可避免地向西移动，变化位置。

什么是日行迹?

人们观察发现，一年到头太阳都在正午时分（这一时间在冬季要提前1个小时，而在夏季则提前了2个小时）位于南方的天空中。然而，如果我们凑近一些看，由于地球的公转轨道为椭圆形，这一位置会发生细微的变化。在右侧照片上，太阳在天空中的运动轨迹看起来像数字“8”，这一轨迹被称为“日行迹”。钟表上的正午与太阳实际位于中天时的时间差能够长达20多分钟，这使日晷仪的读取更复杂了。

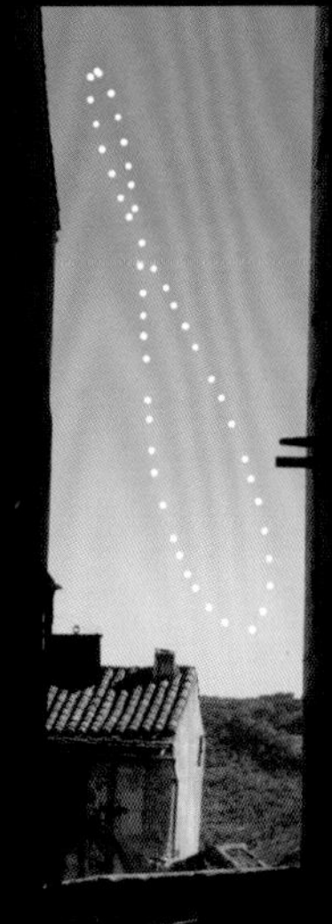

蝎座

人马座

夏季天空

天蝎座

春季天空

天秤座

在北半球向南望的冬季天空

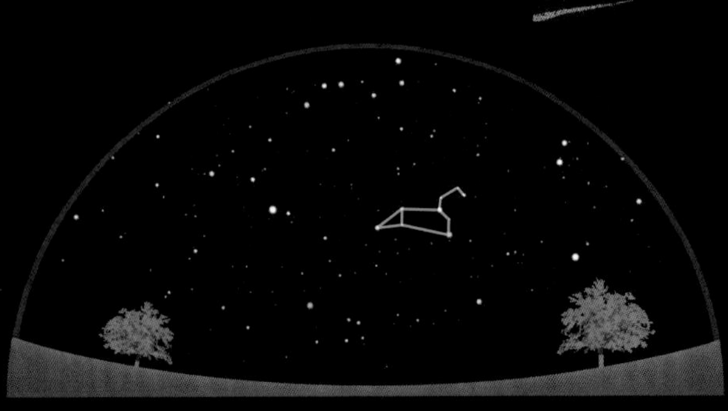

在北半球向南望的春季天空

不要迷失方向

要找到北极星，目光一定要投向北方。在这里我们简单介绍一下什么是天极，以及如何找到天文学的重要标志之一——北极星。

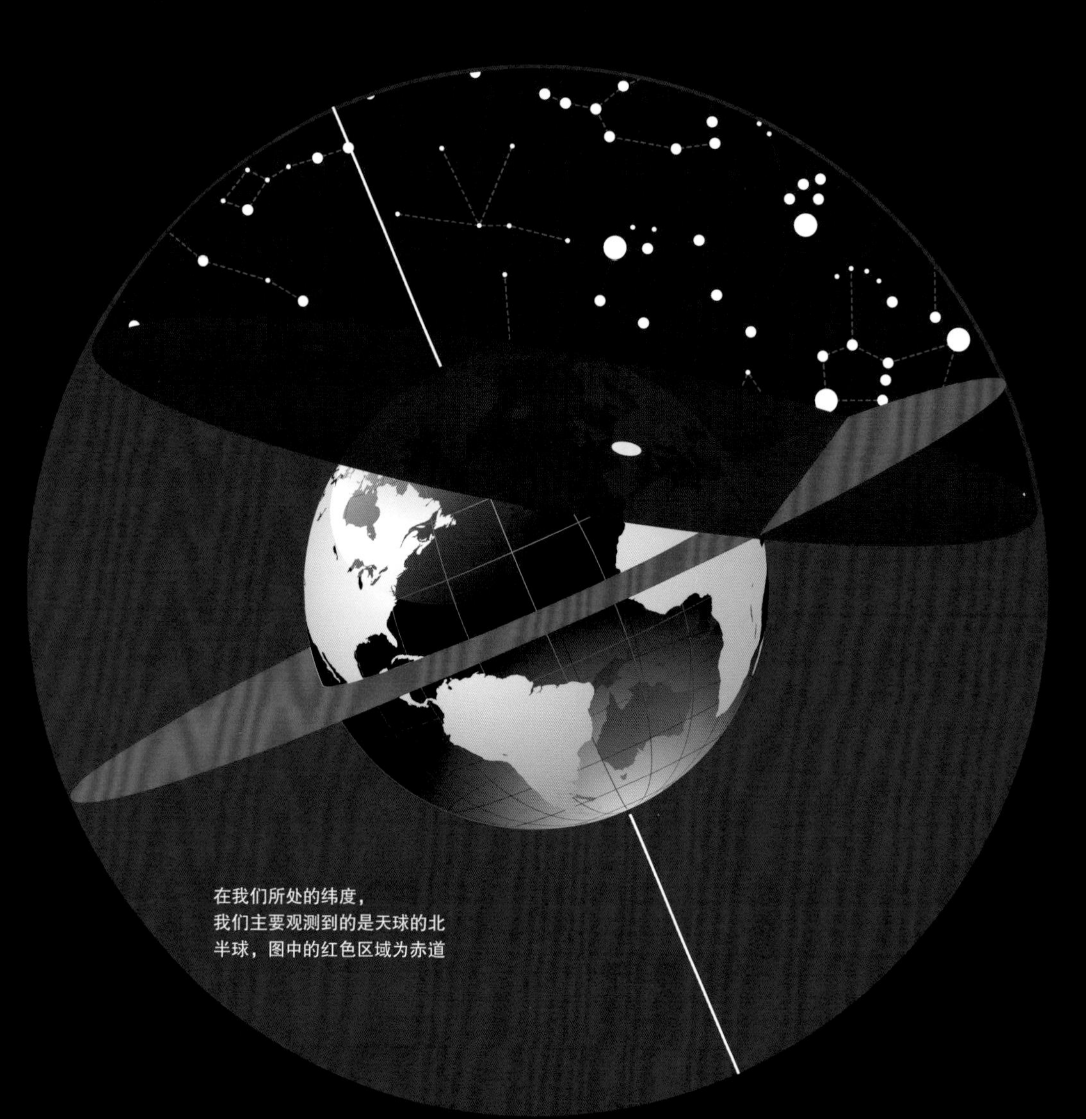

在我们所处的纬度，我们主要观测到的是天球的北半球，图中的红色区域为赤道

一直延伸到群星之中的地球自转轴

天空中有两个非常特别的假想点：南天极和北天极。地球的自转轴穿过这两极，无限地延长。由于地球的自转，除了天赤道上的星星看起来在天空中排列成一条直线以外，天空中其他所有的星星看起来似乎都围绕着这两极旋转。对北半球的观测者来说，北天极位于地平线上方。知道它的位置极为有用：一方面，不管是在陆地还是在空中，都可以靠它找到方向；另一方面，还可以用它来调整天文望远镜的角度。

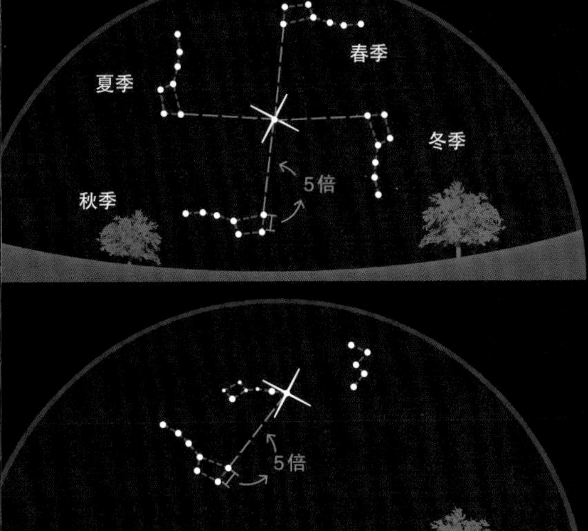

通过大熊座找到天极

北半球的居民是幸运的：北极星（拉丁文Polaris）有一个诗意的别称——“北方之星”，它几乎精确地指出了天极的位置。这颗星星不是特别明亮，但是很容易被发现。想要找到它，最好首先捕捉到位于北方的“大平底锅”（即北斗七星，其锅柄的朝向随着季节的不同而变化），然后只需将与平底锅柄相对的两颗星星之间的距离延长5倍，就能得到北极星的位置。北极星与北天极之间微小的差距（不到1°）在微调天文望远镜时也会被计算在内。（见第56页）

永远不落的星辰

不是所有的星辰都是从东边升起，西边落下。位于两极附近的星辰围绕着两极无休止地旋转，因为它们的轨迹太短，永远不会落到地平线以下。它们组成了拱极星座，每个夜晚我们都能观察到拱极星座的运动。在法国所处的纬度，大熊座和仙后座就是两个最完美的例子；在新西兰，围绕着南天极的拱极星座是南十字座。

星辰围绕北天极运动形成的轨迹，拍摄于法国卡纳克巨石林上空

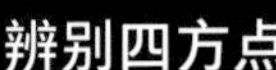

辨别四方点

东、西、南、北是四个基本方位点。想要找到它们，最简单的方法就是记住正午时分的太阳向南移动。北方就在其移动方向的对立面：当你面向南方时，转个身就找到北了。连接南北两极的假想线是子午线，东和西分别对应太阳升起和落下的方向。当你面向南方时，举起左臂指向东方，右臂指向西方，这样方向体操就做完了！最后，抬起头来，直望头顶上方，你就能看到天空中的最高点——天顶。

星座——人类想象力的果实

星座是人类发明的。人从较为明亮和相距较近的星群开始，想象出众神、野兽和物体……其实它们通常都十分难以辨认！

荷兰天文学家弗雷德里克·德·威特于1670年绘制的星图

希腊的遗产

大部分位于北半球的星座是由几个世纪前的巴比伦人和希腊人发明的，与神话传说有关。位于南半球的星座在命名时间上则近得多，它们的名字出现于探险家和航海家时代，例如，至少有15个星座以“拉卡耶”①为名。名称的改变、增加、重编从未间断，一直到1928年，国际天文学家联合会一次性确定了88个星座和它们的界限，这一疯狂的状态才得以终结。

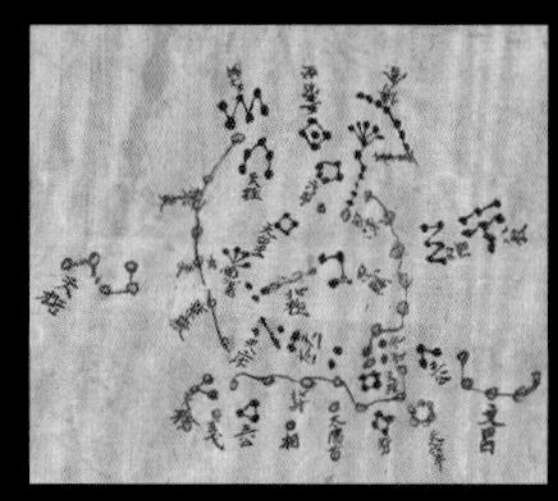

最古老的星图，来自敦煌考古发掘（公元7世纪）

黄道十二宫

太阳在一年中在天空中“走”过的轨迹叫作黄道，位于黄道上的星座及其中的行星，不论是对天文学、星相学，还是对历法来说，都有特别重要的地位。早在好几个世纪前的美索不达米亚平原，人们就发明了它们代表的对应物，因为其中最美的星座都以动物命名，所以被称作“黄道星座”②。

中国人的天空

中国人的天空惊人地复杂有序，有点像一个国家和它的省份、宫殿、帝王、嫔妃。他们至少有283个星座，与我们的没有任何相似之处！

① 拉卡耶（Nicolas-Louis de Lacaille，1713—1762），法国天文学家，曾为14个星座命名。——编者注

② 黄道带的英文zodiac来源于拉丁文zōdiacus，而这个词是从希腊文的ζῳδιακὸς κύκλος演变而来，原意为“动物圈”。——编者注

学会辨认不同季节的星座

冬天，要会辨认猎户座，它的三颗星星排列在一个由闪耀的群星组成的大矩形的中间。春天，要会辨认狮子座，它的主星勾勒出一个奇怪的熨斗。夏天，要抓住天鹅座的特征，它的主星组成了北十字。而到了秋天，我们可以利用飞马座广为人知的正方形区域去定位它。

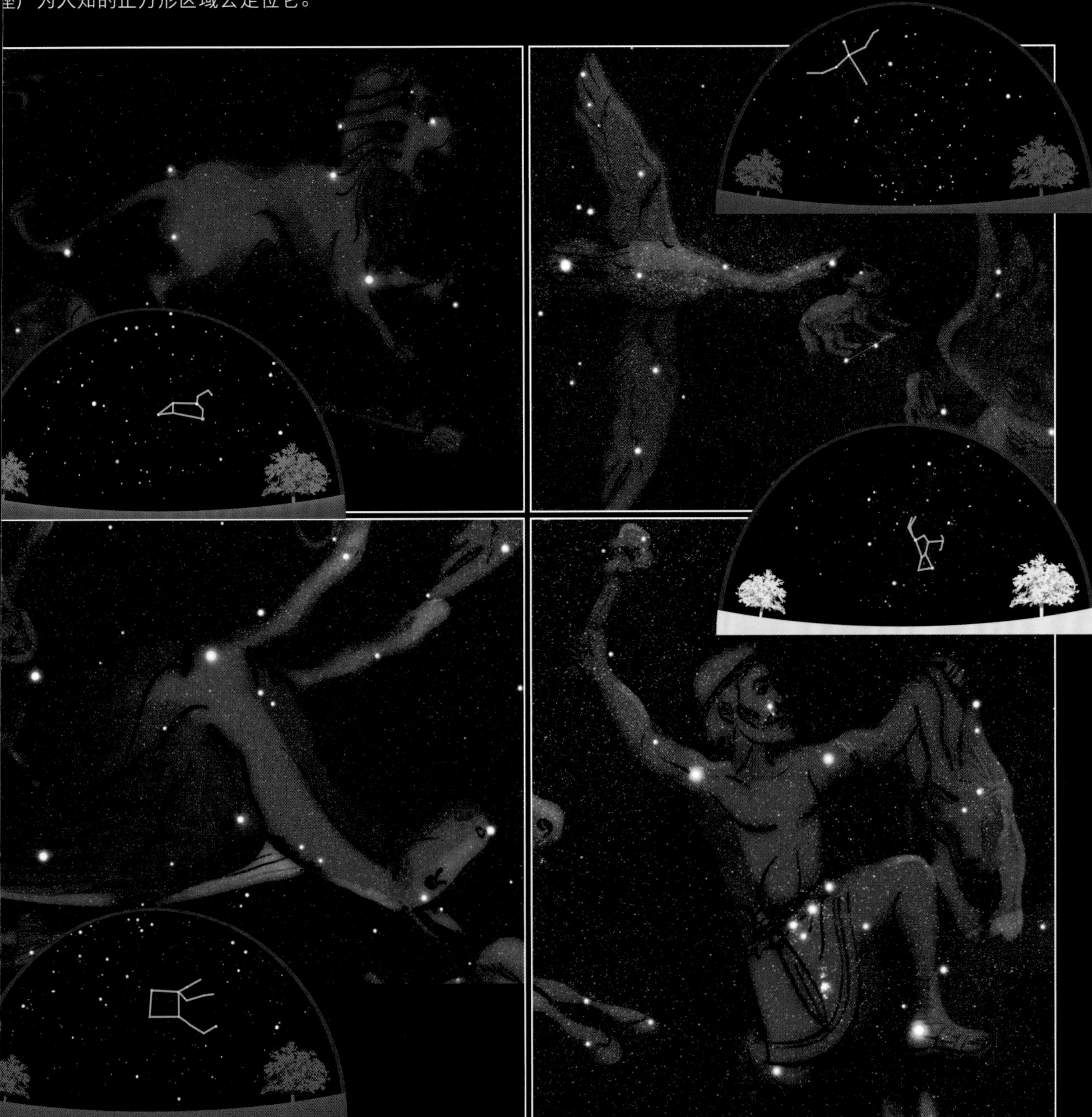

Q&A 最小的星座位于天球的南半球，它是哪一个呢？

是美丽的南十字座，在法国所处的纬度上观察不到。最大的星座是长蛇座，它由不怎么明亮的星星组成，相当难以辨认。

月球的相位

月球展现给我们的总是它的同一面，但是，由于它围绕地球旋转，太阳并不以同样的方式照亮它的这一面，因此出现了不同的月相。

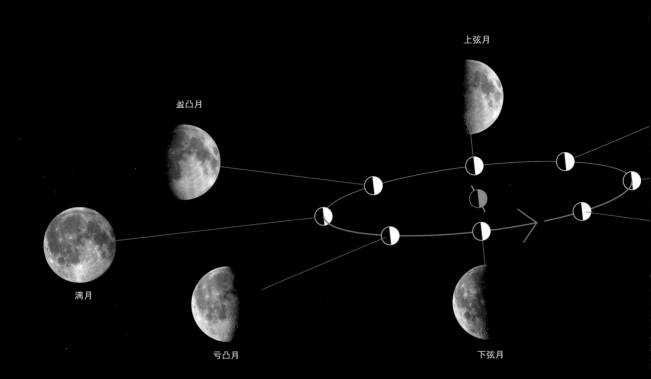

上弦月

盈凸月

满月

亏凸月

下弦月

捕捉最纤细的月牙

月相变化是天空中最容易用肉眼看到的景象之一。然而，当观察最纤细的月牙时，事情就变得复杂起来。这一挑战可以在春天的黄昏（新月的后一天），或者在秋天的拂晓（即新月的前一天）进行。这时月弦基本处于与太阳垂直的位置，其小小的头角向上翘起，很像一条威尼斯贡多拉轻舟。使用望远镜观察更容易，不过条件是天空非常的清澈。

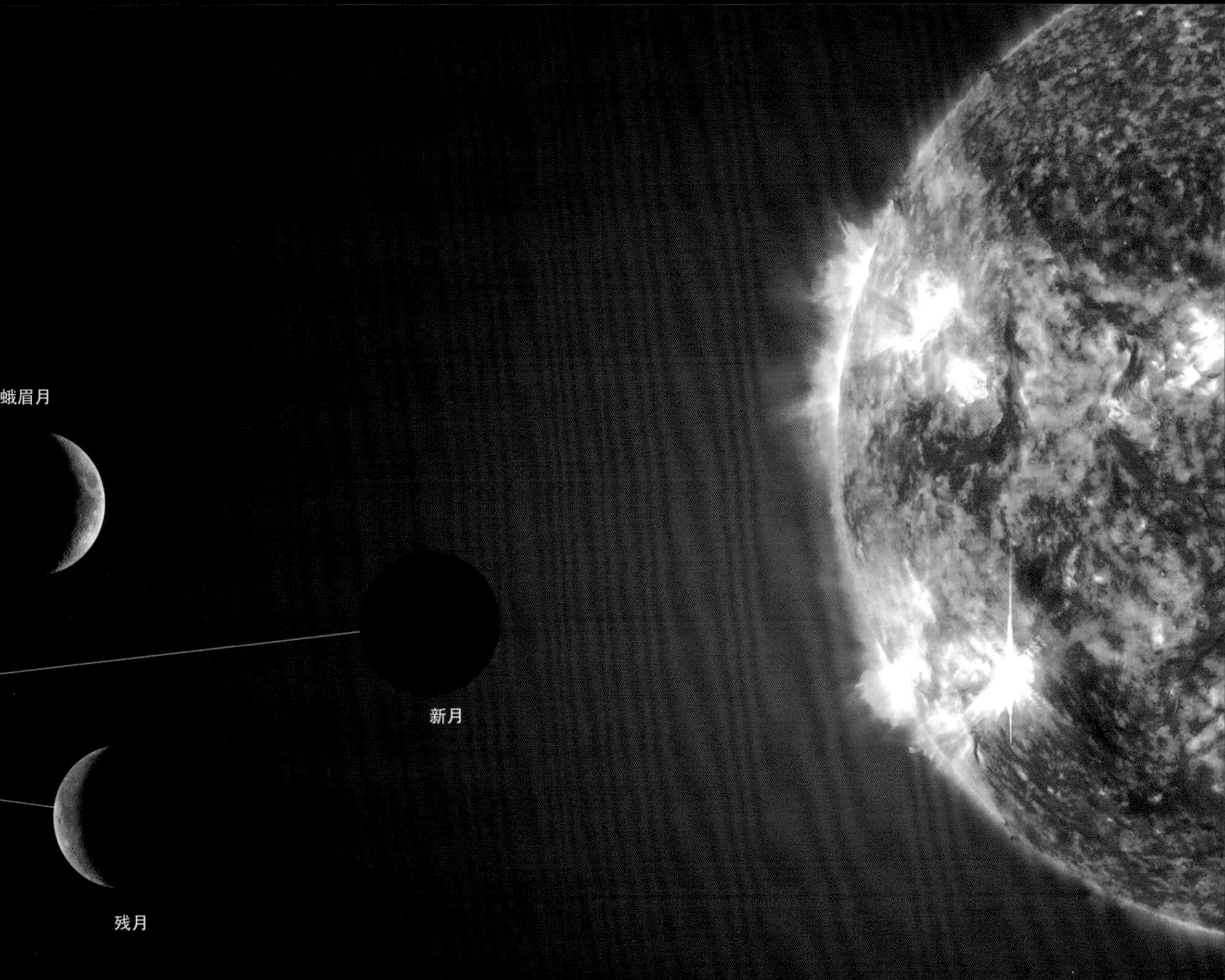

蛾眉月

新月

残月

29.5 天

月球绕地球转一圈要27天多一点。但是，由于地－月系统也在围绕太阳旋转，一个完整的月相周期长达29.5天：这就是朔望月。

灰白色的光

灰白色的光是由月球沉入黑夜的那部分发出的微弱的光亮，这部分的光亮来自地球。当月相为蛾眉月时，我们可以很容易在黄昏时分用肉眼分辨这灰白色的光。因为这个光是太阳光经过地球反射后，再由地球反射给月球的，我们可以认为它是反射光的反射。莱昂纳多·达·芬奇第一个发现了这一现象；然而，他错误地认为，和地球上的海洋一样，月球上充满了水的“海洋”在这一反射过程中发挥了主要作用。

月球——夜之皇后

一年到头，无论在城市还是在乡村，月球都是最容易被观察到的天体。
使不借助天文望远镜，月球表面密布的熔岩海遗迹也值得仔细看看。

用肉眼辨认月海

39亿年前受小行星撞击而形成的月海用肉眼清晰可见，在满月时可尽收眼底。最佳观测时间是月球还没那么耀眼的黄昏时分：你是否认得出来诗人青睐的“兔子”或者“弓神”①？

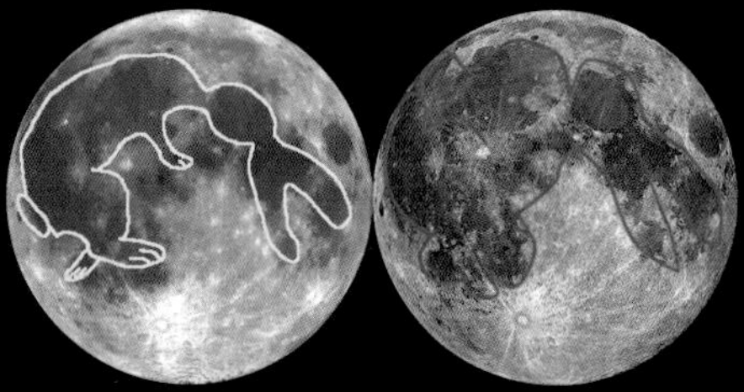

“超级月亮”的神话

“超级月亮”这个词很吸引人，它是指一个比平常大得多的满月，因为此时月球离地球最近。这是不考虑月球公转轨道离心率的结果，也就是说和正圆的区别其实很小。此外，用肉眼也不太可能观察到大小的变化。满月在靠近地平线时总是显得大一些，和太阳一样，这是光学效应的结果。

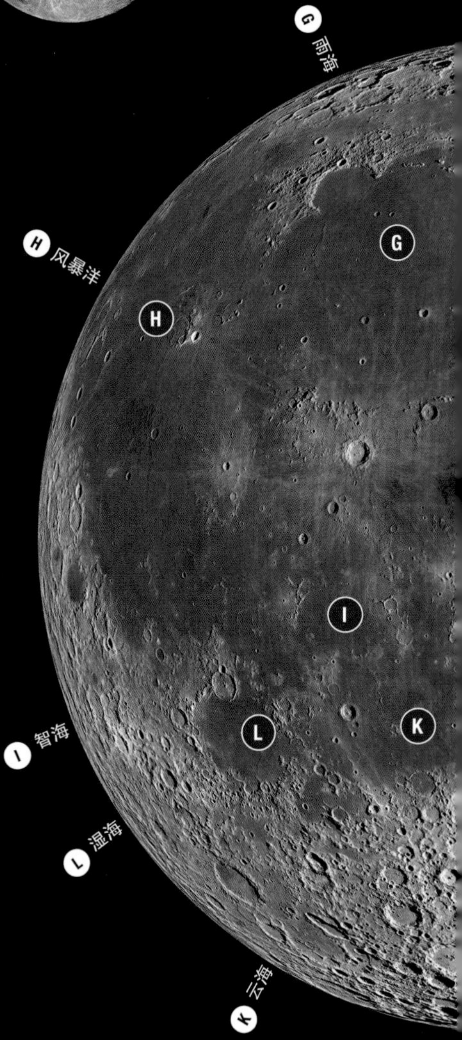

G 雨海
H 风暴洋
I 智海
L 湿海
K 云海

① 弓神（Yumigami），日本四叶草工作室开发的电子游戏《大神》中专司月亮的笔神，形象为拿着杵（舂米或捶衣的木棒）的兔子，日本传说认为月亮上有只兔子在打年糕。——编者注

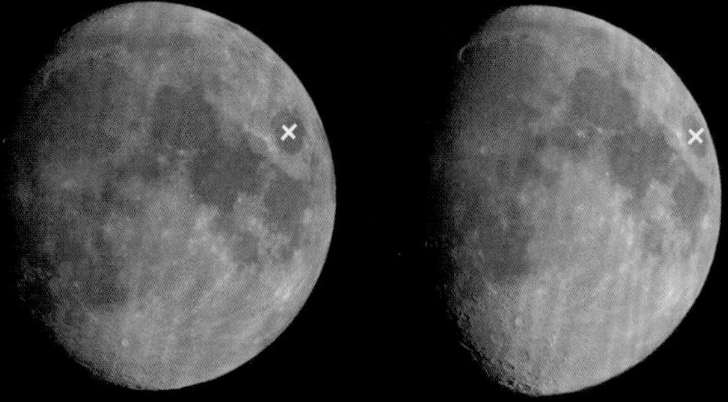

观察一下危海的位置变化

尽管月球让我们看到的总是同一面，其椭圆形的公转轨道导致的速度变化还是能够让它有规律地展示月之暗面的一小部分，即所谓的天平动。位于月球的东北角的小小危海，是观察这一不易察觉的摆动现象的理想参照点：它和月球边缘的相对位置在一个月相周期中不断变化。

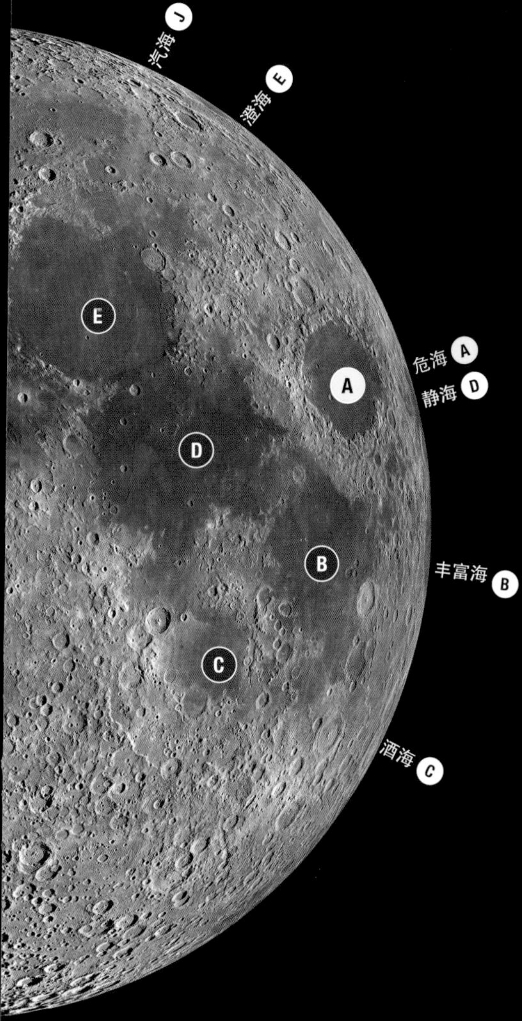

汽海 J
澄海 E
危海 A
静海 D
丰富海 B
酒海 C

在月光下阅读

满月足以照亮乡村的夜晚，让人只需借助其光线就能够阅读报纸。用专业词语表示，满月的亮度为0.5勒克斯，而一般路灯的亮度是50勒克斯——真的是太多啦！

与月球一起行走

这是一种有趣的体验：夜晚在森林里行走，看到月球和我们一起前行，如影随形，无处不在。为什么是月球？距离森林更远的星球也会与我们同行……但是，月球非常明亮，因此它的效果最引人注目。

行星——游荡的星球

太阳系的八大行星中，有五颗用肉眼清晰可见：水星、金星、火星、木星和土星。人们早在古代就观察到了它们在黄道带上的运动。

行星之路

行星的运动轨迹基本都在同一平面，即太阳系的不变平面，因此行星不是在哪里都可以遇到的：在天空里它们遵循着与太阳和月球类似的路径，这就是所谓的黄道。在“合”这一天文现象发生的时候，这些行星中的好几个由于透视原理而显得彼此靠近。

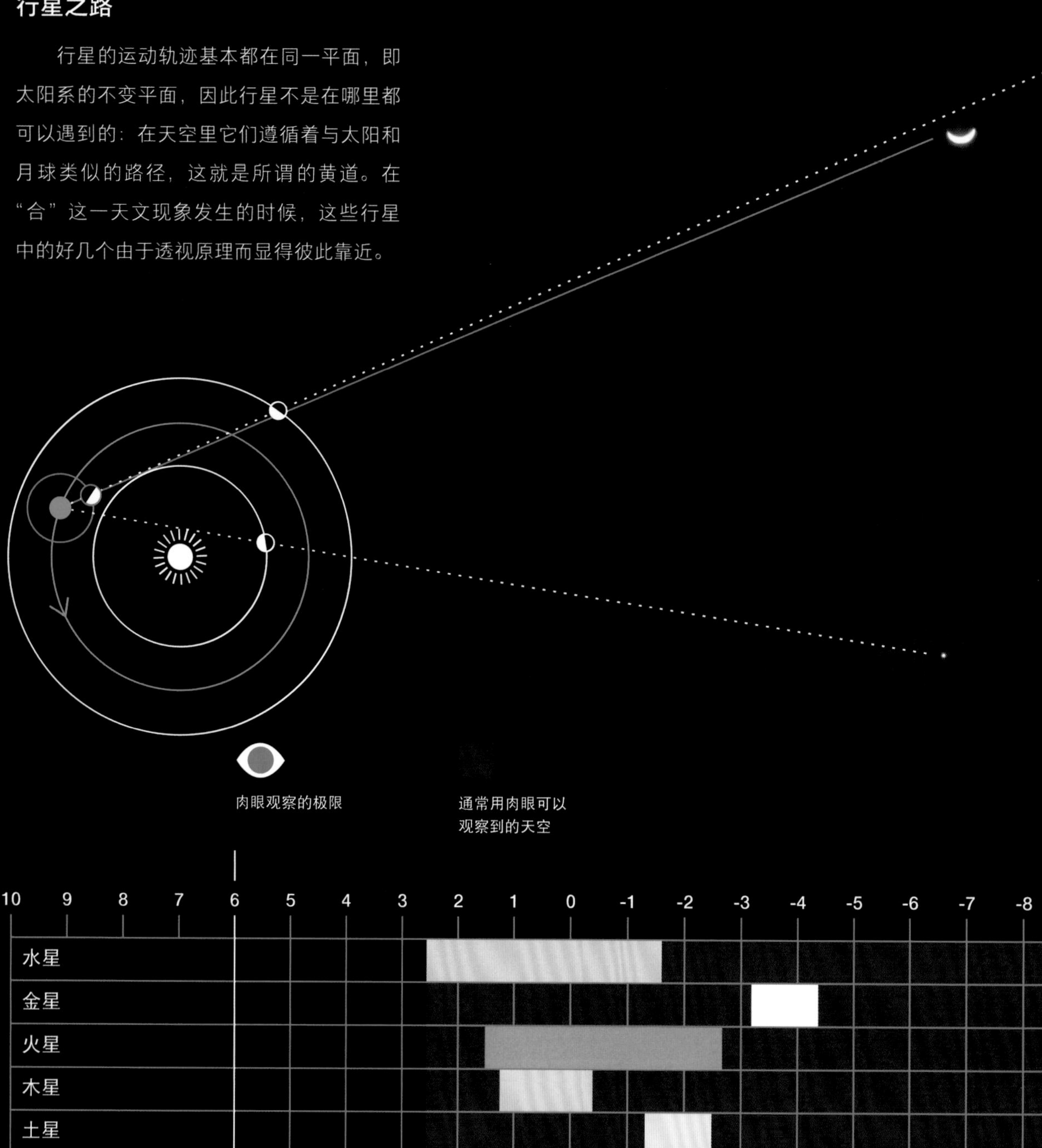

内行星

水星和金星的公转轨道比地球的更靠近太阳。从我们的位置观察天空，它们以奇怪的轨迹运动着：由于被太阳牢牢控制，这两颗行星似乎在太阳的两侧摆动。它们不断地远离太阳直到距角最大——大距，然后又朝着太阳运动到另一侧。

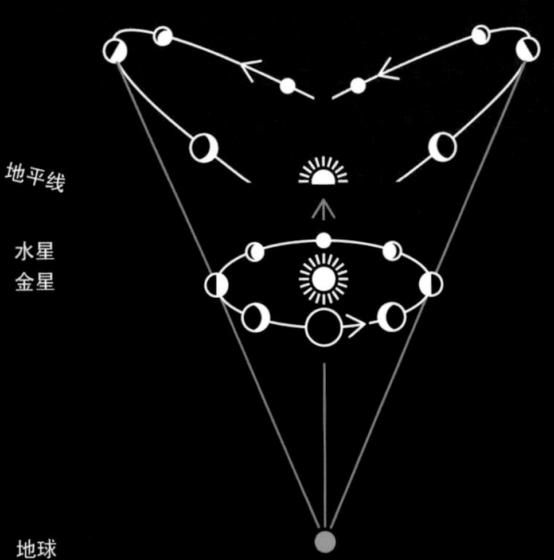

外行星

在天空中，外行星缓慢地从西向东旋转。当其与太阳相冲的时候，即当其与地球和太阳排成一线时，它们会做一个滑稽的回转。这种逆行现象在日心说体系中再自然不过，可在地心说主导的年代却是个令人费解的难题：当时只能用本轮模型解释它！

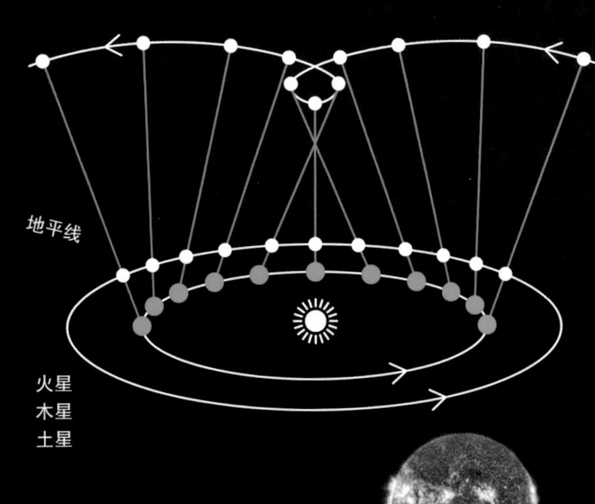

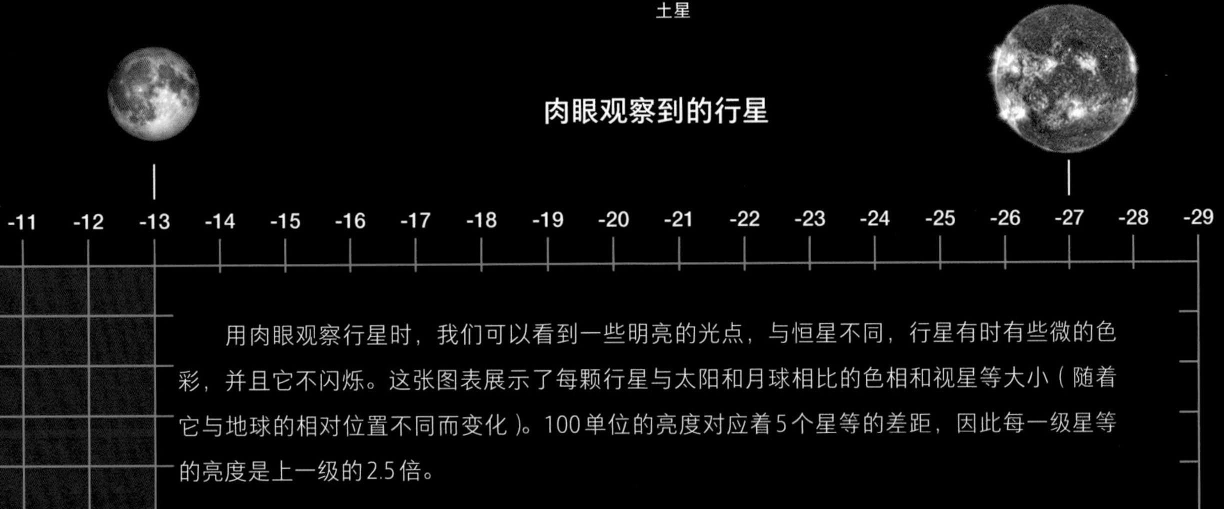

用肉眼观察行星时，我们可以看到一些明亮的光点，与恒星不同，行星有时有些微的色彩，并且它不闪烁。这张图表展示了每颗行星与太阳和月球相比的色相和视星等大小（随着它与地球的相对位置不同而变化）。100单位的亮度对应着5个星等的差距，因此每一级星等的亮度是上一级的2.5倍。

天体坐标

为了更好地在天空中确定星星的位置，天文学家们将天空用假想的线条分成多个区域，这些假想的线条组成了一个能够有效确定天体位置的坐标系统。

赤道坐标

这些坐标有点像你们十分熟悉的全球定位系统（GPS）在天空中的翻版：它也有类似的经度和纬度。在天球上，经度对应的是赤经，纬度则对应赤纬。与赤纬不同的是，

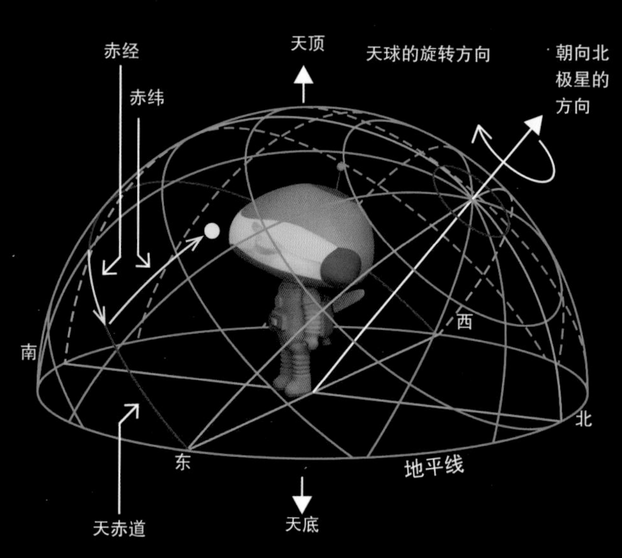

赤经没有按度（°）、分（′）、秒（″）来计算，而是采用了小时（h）、分钟（min）、秒（s）等时间单位！这两条线的参照物相当简单：就像一只表的表盘一样，天球运转一周为24小时，而一周为360°。记住，天体在一小时中向西移动15°（1°=60′，1′=60″）。

完全迷茫了……[①]

天体的地平纬度和方位角是一套直观的坐标系，但在天文学中不常用，因为这两个值由于天体在不断地运动而不停地变化。当一颗星星经过正南方时，它的方位角是180°。此时此刻，它的地平纬度——相对于地平线的高度，是最大的。

① 原文为“Complètement azimuté...”，azimuté在法语中有迷茫、迷失之意，而“方位角”的法语为azimut，此处这样使用，有双关的意味。——编者注

零度赤纬为天赤道，也是赤道坐标名称的由来，它跨越了著名的猎户座腰带。与此同时，零度赤经线则穿过飞马座大矩形的东边。在第七章的四季星图上找一找它们的位置。

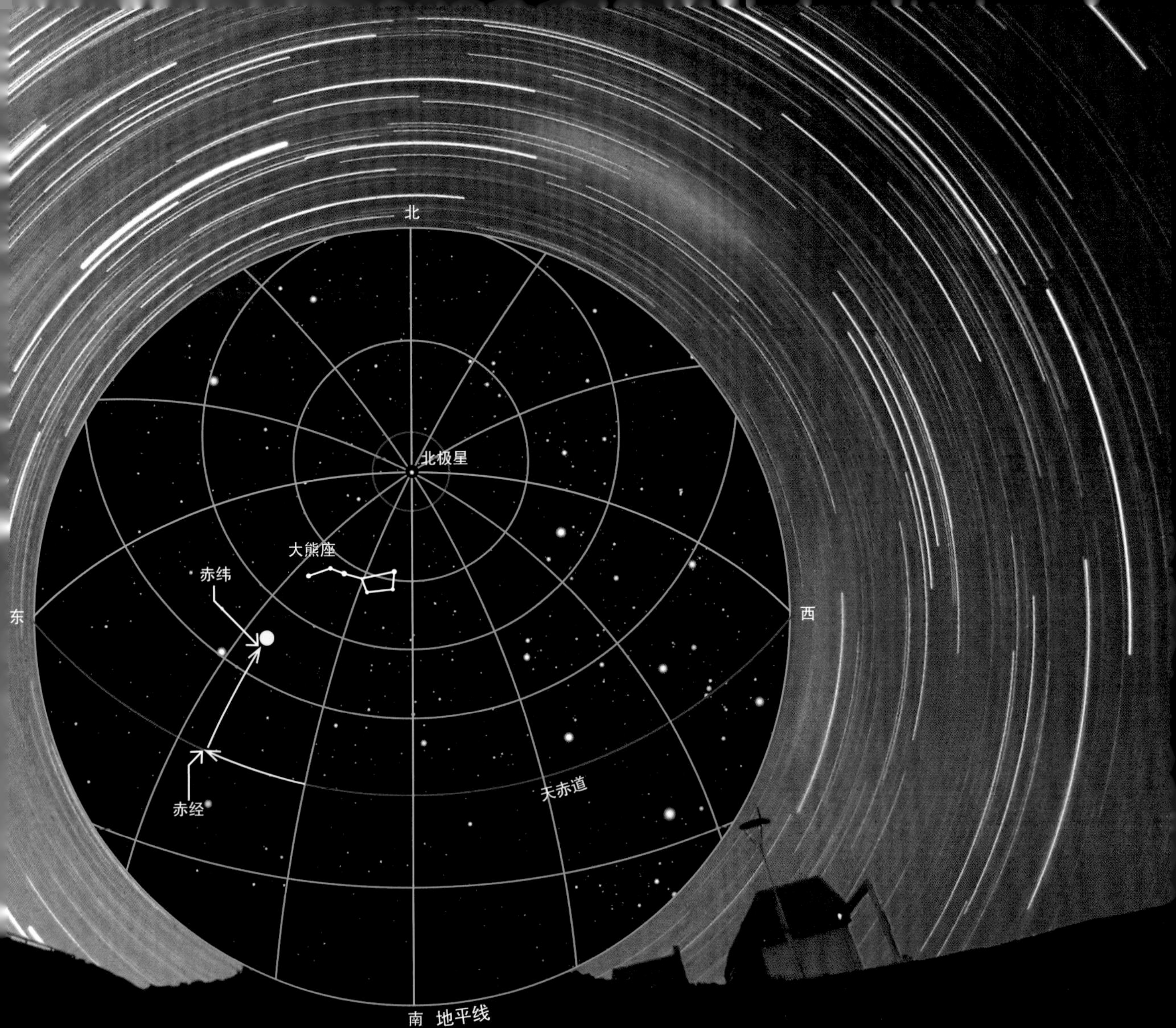

北

北极星

大熊座

赤纬

东

西

赤经

天赤道

南　地平线

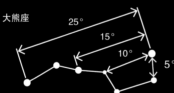

用角度丈量天空

从地球上观察到的天体大小用角直径表示，其中最大的星座用度（°）来表示，中等大小的天体（星云和星系）用分（′）表示，最小的天体（行星和双星）用秒（″）表示。根据这个原则，北斗七星的大小是20°，昴星团是1°，月球和太阳是30′，木星则为45″。参照左图，用你们的手测量一下不同的角直径。

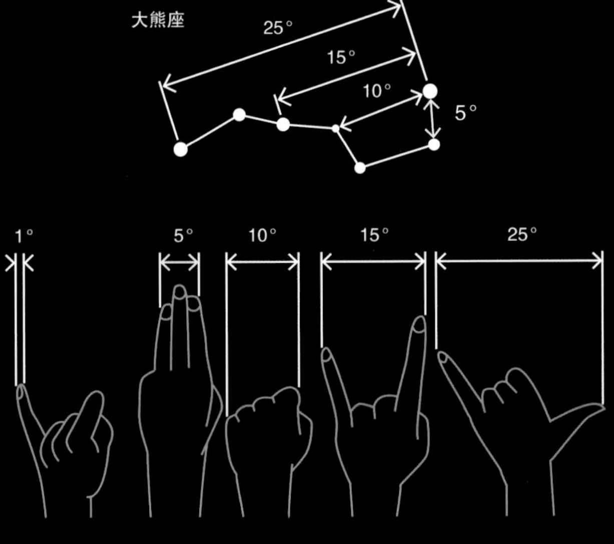

大熊座

25°

15°

10°

5°

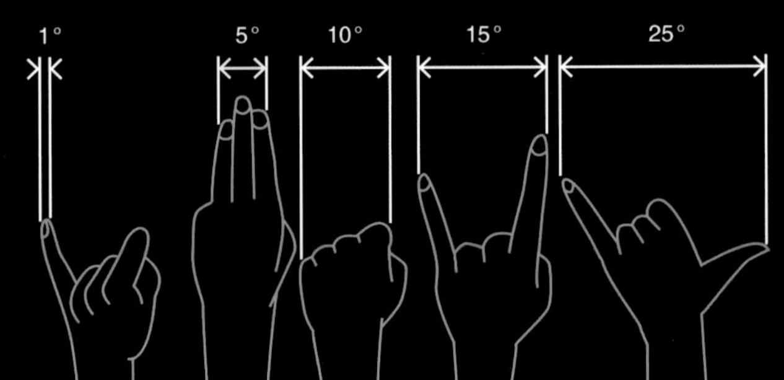

南半球的天空

南半球的天空汇集着光彩夺日的星座，包含着星团和星云，它们是如此光芒四射
人们以希腊字母为它们编号。南半球的天空是天文学家的黄金国，一生至少去看一次吧！

肉眼观察的提示

- 天狼星和老人星：天空中最明亮的星星。
- 麦哲伦云：天空中最宽广的星系。
- 南十字座附近的煤袋星云：天空中最稠密的暗云。
- 船底座 η 星云：天空中最明亮的星云。
- 半人马 ω 球状星团：天空中最大的球状星团。
- 银河系中心：位于南回归线和天顶相交的位置。

两块令人惊讶的云

麦哲伦云是银河系最大的两块卫星星系。用肉眼观察，它们的亮度与银河系不相上下，并且两块云的大小和形状有明显的不同。大麦哲伦云的大小约为10°，和20个满月连在一起一样大！小麦哲伦云则只有它的三分之一。

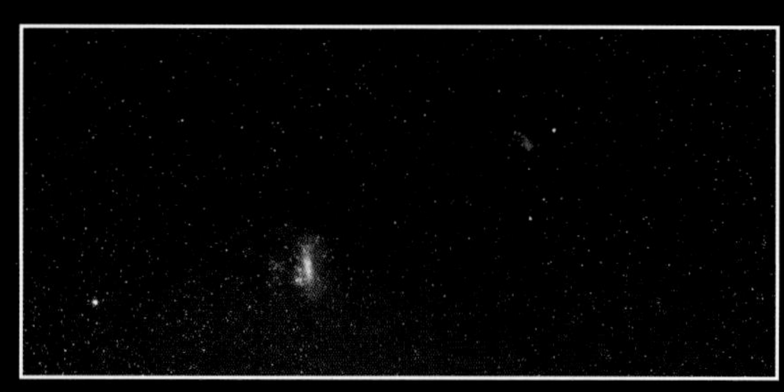

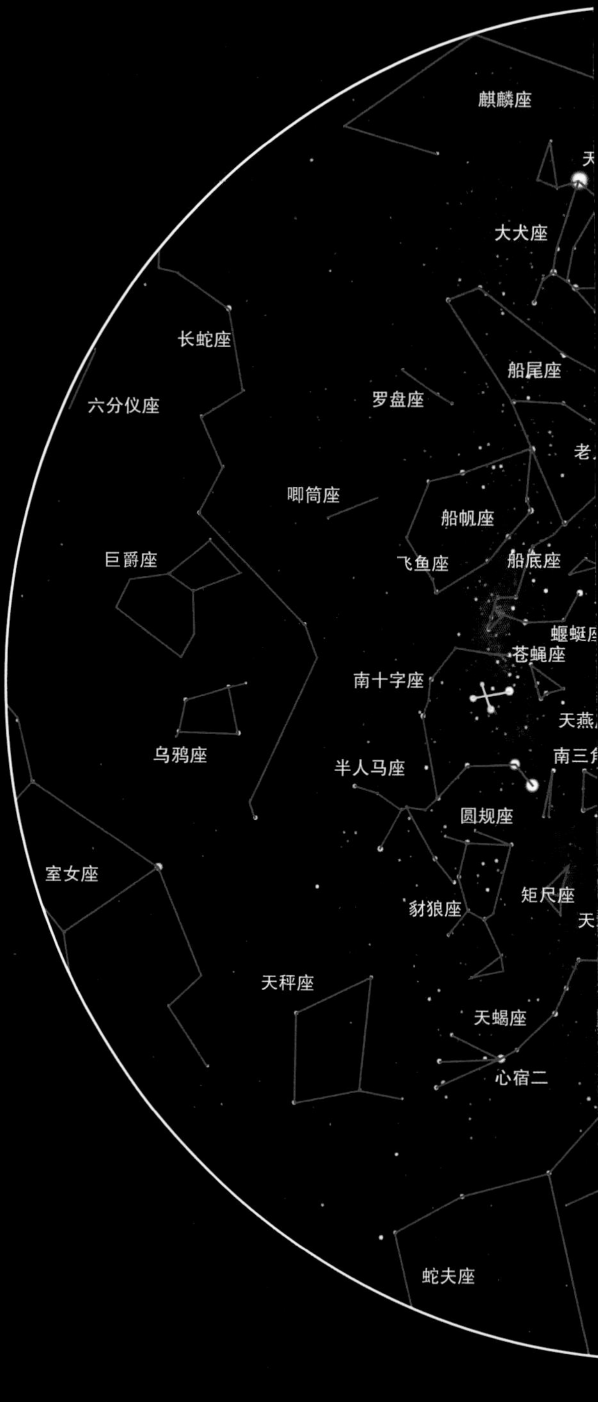

麒麟座
大犬座
长蛇座
船尾座
六分仪座
罗盘座
唧筒座
船帆座
巨爵座
飞鱼座
船底座
苍蝇座
南十字座
乌鸦座
半人马座
圆规座
室女座
矩尺座
豺狼座
天秤座
天蝎座
心宿二
蛇夫座

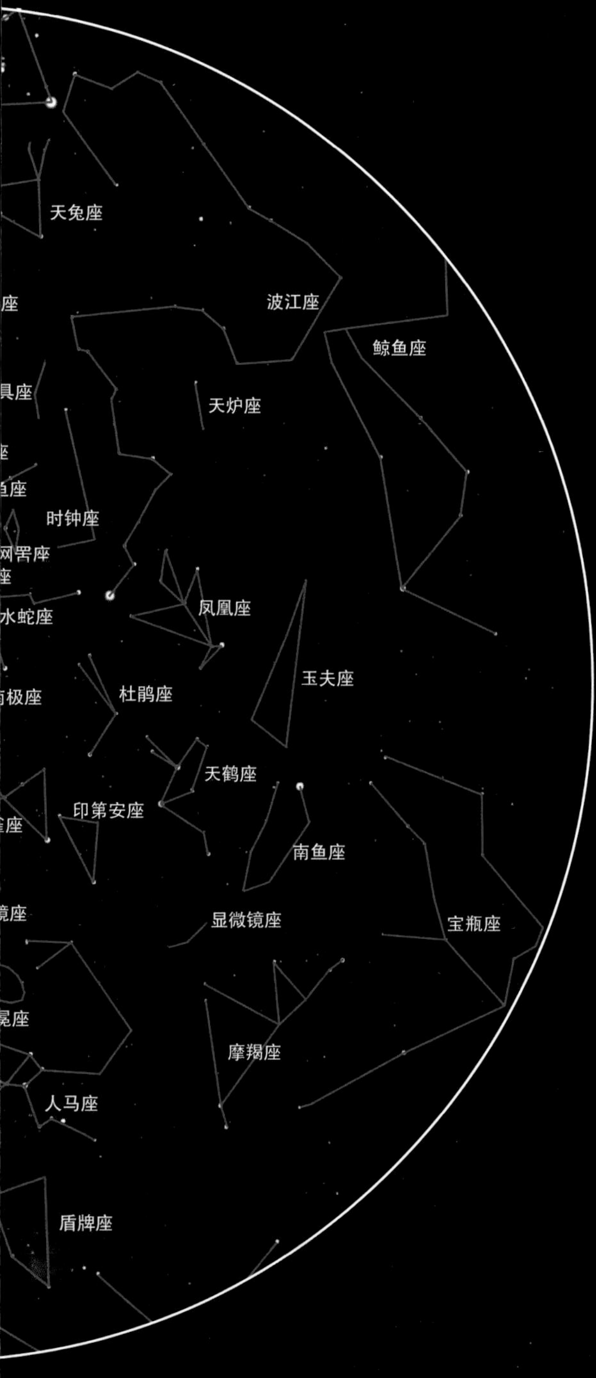

天兔座
波江座
鲸鱼座
天炉座
时钟座
凤凰座
玉夫座
杜鹃座
天鹤座
印第安座
南鱼座
显微镜座
宝瓶座
摩羯座
人马座
盾牌座

星辰，头朝下

当你在南半球抬头仰望天空时，不要感到惊讶。一方面，太阳和行星在中天时位于北方。此外，所有的方位和北半球正好相反：从月球到猎户座，星星和星座均位于相反的方向，仿佛人头朝下倒着看。不过你大可以放心，在宇宙中是没有上下之分的！

在北半球所看到的
高
低
高
在南半球所看到的

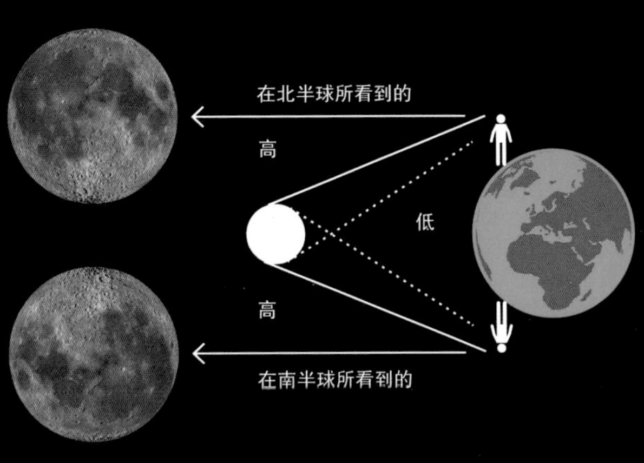

不要丢失南方！

没有一颗极星出现在南天极附近，为了找到它在地平线上方的位置，最好像下图示意的那样，顺着南十字座最长的那段指示的方向延长下去。

南十字座
4.5倍
南天极

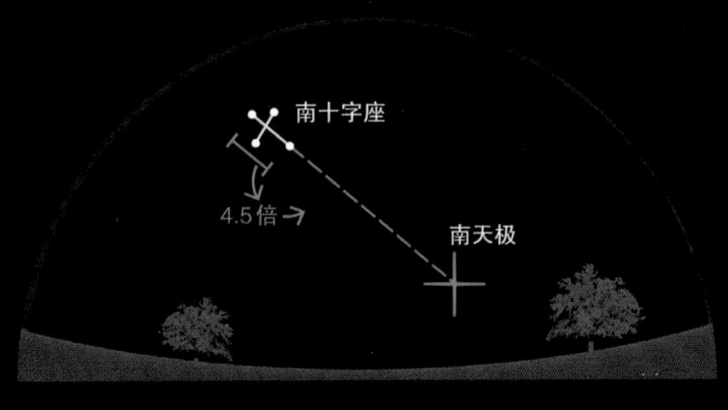

追踪人造卫星

一年到头，甚至在漫长的夏季黄昏，你都可以乐此不疲地追踪人造卫星。辨别其中最明亮的不难，有些网站甚至能够预测它们的运行轨迹。

不同的轨道

根据其海拔的不同，卫星可以处于低轨（国际空间站或太空望远镜）、中轨（全球定位系统）或高轨（地球同步卫星）。请在本页底部的图示中找到这几种轨道。

铱星

这些距离地面仅有800千米的低轨道通信卫星是我们能用肉眼观察到的最为引人注目的卫星：它们的太阳能帆板反射的太阳光能持续数秒钟，和弦月的亮度（-8星等）同样耀眼。赶紧去观测一下吧，第二代铱星（Iridium Next）的太阳能帆板就没法反射这么强的光线了。

太空垃圾

太空碎片的数量大得吓人：可能有30 000个直径大于10厘米的碎片正在围绕地球运动，而直径大于1厘米的碎片数量可能是它们的10倍之多。这些碎片以25 000千米/小时的速度被抛出，它们都有可能对在轨卫星造成毁灭性破坏。电影《地心引力》着实让宇航员后背发凉……

运行中的人造卫星约有1 500 颗，至少40个国家拥有（或曾经拥有）至少一颗人造卫星

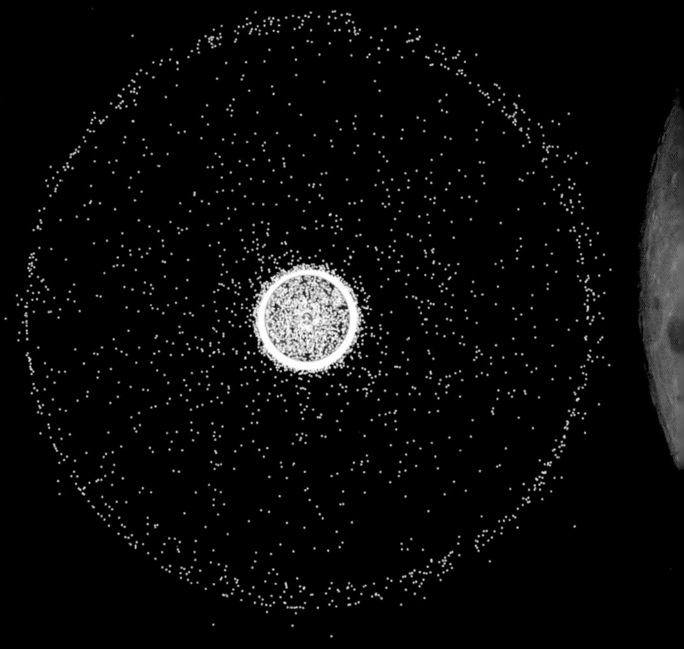

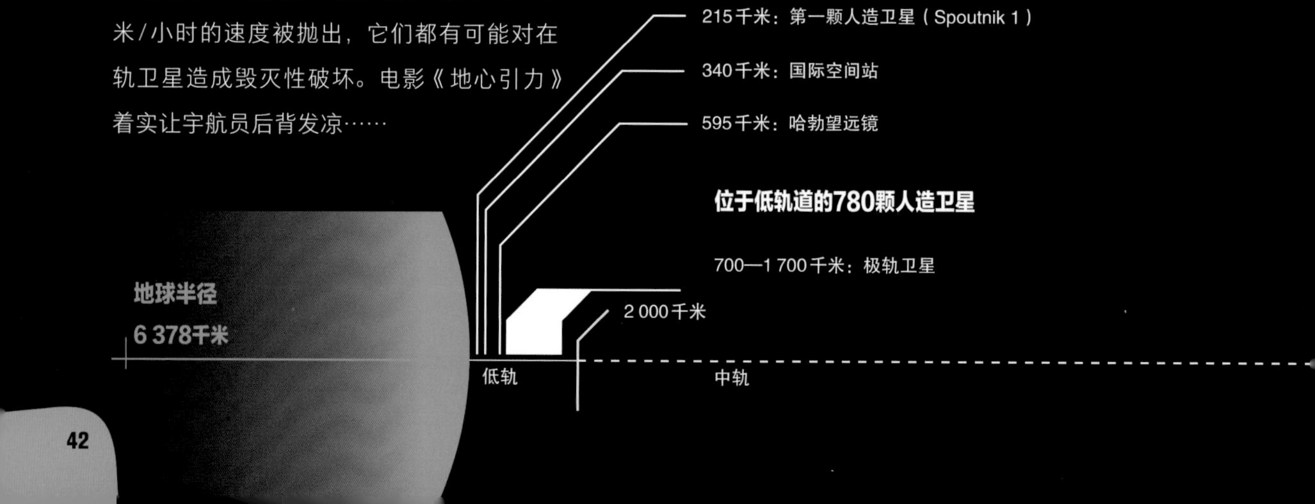

215千米：第一颗人造卫星（Spoutnik 1）

340千米：国际空间站

595千米：哈勃望远镜

位于低轨道的780颗人造卫星

700—1 700千米：极轨卫星

2 000千米

地球半径

6 378千米

低轨

中轨

极少数时候，我们可以看到国际空间站飞过月球。你看到过这个画面吗？

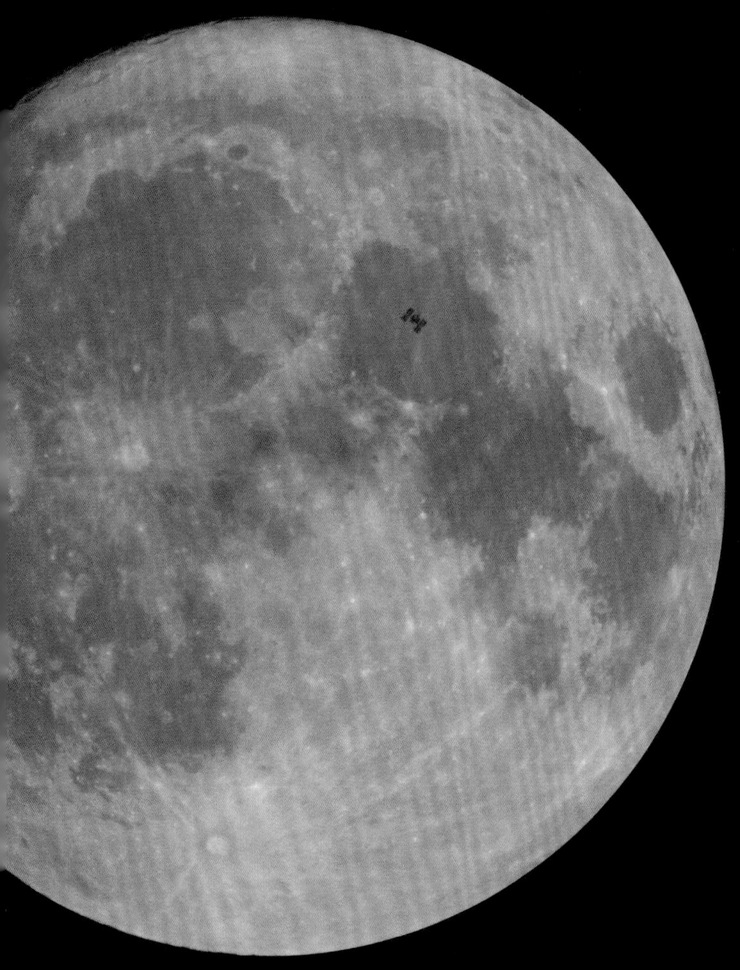

黄昏时分的光影游戏

当人造卫星将太阳光反射到地球上时，地面观测者可以看见它，这通常发生在黄昏时分。可别把这个运动中的亮点与一架航灯闪烁的飞机或一颗一闪而过的流星弄混了。

看国际空间站从上空飞过

国际空间站（International Space Station）是有史以来人类发射到太空中的最大的人造物体。这个处于低轨的重达400多吨的庞然大物还在承受着热层的摩擦，因此它的轨道必须经常升高。当其面积达2 500平方米的太阳能帆板将阳光反射到地球上时，国际空间站的亮度比金星还要大一倍。

用互联网追踪卫星

Heavens-Above、Spot the Station、Calsky等英文网站可以预测铱星的闪光时间和国际空间站之类的人造卫星的运行轨迹。一些手机应用软件也可以提供预测，比如安卓应用商店里的Station Spatial ISS Detector或者苹果应用商店里的ISS Finder。

位于中轨道（MEO）的133颗人造卫星

位于高轨道的506颗对地静止卫星

通信卫星和气象卫星

35 786千米

朝向月球
(384 000千米)

静地轨道

高轨

不用望远镜给天空拍张照

只需一个反光相机、几个镜头和一个三脚架，你就已经为夜景拍摄准备就绪。这既不需要什么技术知识，也不需要什么烦琐的处理：此时此刻，只有拍摄者的眼睛才是至关重要的。

给城市的天空照个相

城市的摄影爱好者可以专注于拍摄运动中的月球和行星，可以在它们运行到近距离的时候拍摄，还可以拍摄星食！人造建筑可作为美丽的前景，但是光污染对曝光时间影响很大。没有必要把钱投资在一个非常锐利的镜头或者一个特别灵敏的传感器上，一张曝光良好的图片不需要任何后期处理。

给乡村的天空照个相

由于没有光污染，我们可以拍摄星座和流星，当然，拍摄银河也是有可能的。选取一个漂亮的前景可以让作品更富艺术气息。由于拍摄星空的曝光时间受地球自转的限制，大光圈镜头（f/2.8或更低）就更有优势了，最大曝光时间从经验上来说为200/f秒（f指镜头焦距）。

当行星相合时——比如天蝎座里的火星合土星，我们更容易在城市和乡村观察到它们。这一现象为摄影爱好者提供了源源不断的素材

食的全过程可以通过分时段拍摄天空中的月亮记录下，在每次取景时都要调整曝光时间

何时候，月亮都是一个有趣的拍摄主题。要毫不犹豫使用过度曝光来突出景色……我们甚至可以捕捉它的影

这张星迹照片是通过120张每次曝光长达30秒的成像组合而成的。在拍摄照片时，最好在按下快门的时候就确定好被摄物体的曝光度

使用赤道仪

有一些仪器，比如固定在相机和三脚架之间的赤道仪，可以抵消地球自转产生的影响。它使我们能够在短时间内精确地对准观察目标。在镜头中，银河系会变得尤其壮观。然而要注意，如果地面上有景物出现在视野中，天空就会变得模糊哟！

给拱极星拍张照吧！

星辰绕天极旋转的照片一般都很壮观，但像这样的照片并不能信手拈来。首先，拍摄时间通常长达1个小时，需要将数个长达几十秒的曝光不间断地连接起来：想要做到这一点，请使用一个灵敏的快门，然后我们可以用专业软件（比如免费软件Starmax）在电脑上处理这些照片。

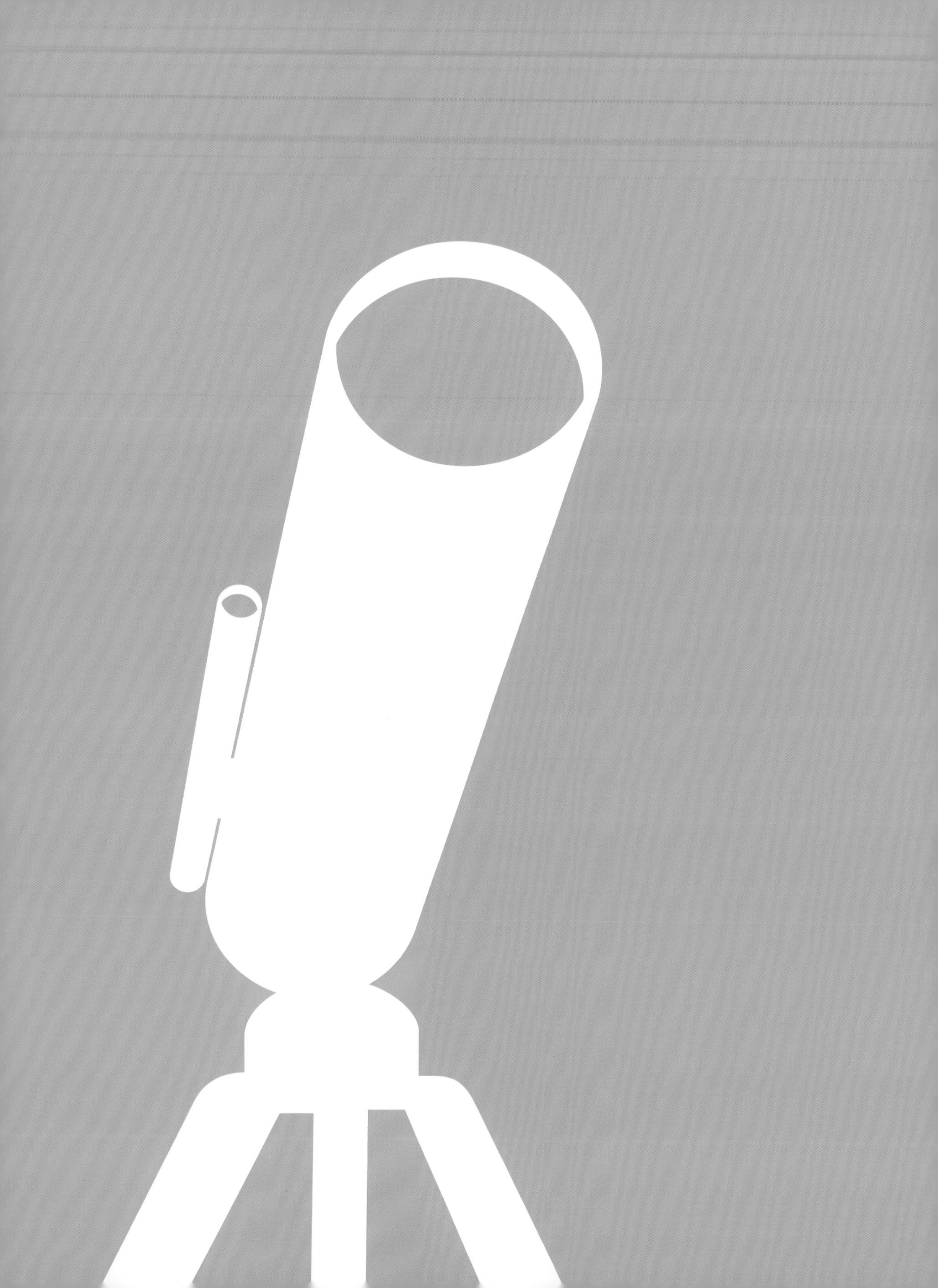

第三章

望远镜初试

你是否用望远镜看到过月球环形山、土星环和五彩斑斓的星辰？最好坐稳了瞧瞧，视野棒极了！但是，想要感受眼花缭乱的视觉效果，我们应该选择什么样的仪器呢？这些仪器应该如何安放？我们又该如何调试出最佳效果呢？我们将与你分享成为一个望远镜观测专家需要掌握的一切！

使用观测仪器看什么

观测仪器（包括肉眼在内）都能够揭示什么秘密呢？只要输入关键词你就能得到答案了！在Stellarium里输入天体的名字或它们的照片，就可以找到它们的位置。

	理论数据	观察月球时	观察行星时
肉眼	极限星等：6 角分辨率：2′ 星球数量：6 000 星系数量：3	月相、较大的月海、灰白色的光	在群星前移动的点状行星
10×50毫米双筒望远镜	极限星等：10 角分辨率：15″（限于微弱的放大） 星球数量：300 000 星系数量：300	较小的月海、辐射纹、山脉	 点状的水星、火星、土星、天王星、盘状的木星、纤细的月牙状金星、勉强可以看到点状的海王星 
60毫米折射望远镜	极限星等：11 角分辨率：2″ 星球数量：600 000 星系数量：1 000	数不清的环形山、直壁、阿尔卑斯大峡谷、梅西叶[1]环形山A和B、希吉努斯溪、月谷	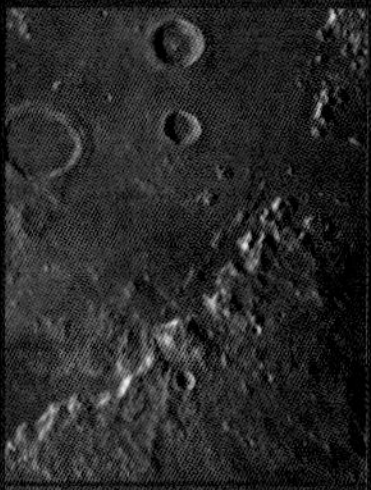 金星的相位、火星极冠和较大的火星构成物、木星上主要的云带、土星环的分层、盘状的天王星 
115毫米反射望远镜	极限星等：12.4 角分辨率：1″ 星球数量：2 300 000 星系数量：1 800	特里斯纳凯尔断层和柯西峭壁、克拉维乌斯环形山和哥白尼环形山以西的小环形山、直壁以东的断层……	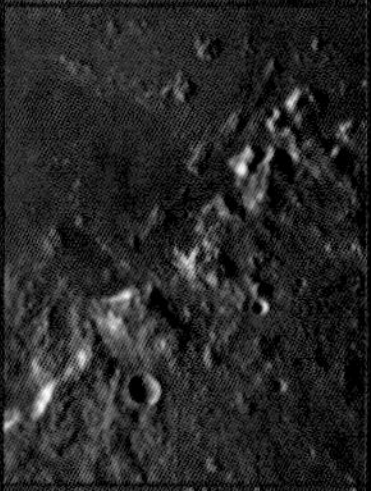 水星的相位、较小的火星构成物和火星尘暴、木星环的分层、卡西尼环缝、土星云带、盘状海王星 
200毫米反射望远镜	极限星等：13.6 角分辨率：0.6″ 星球数量：5 700 000 星系数量：4 000	阿方索环形山和弗拉卡斯托罗环形山中的断层、托勒密环形山、柯西环形山底部的小山丘	 水星上微小的细节、金星云（紫色滤镜）、火星极冠的变化、火星雾和苏格拉底渠（水手号峡谷）、木星两极的细节、土星C环 
400毫米反射望远镜	极限星等：15.1 角分辨率：0.3′ 星球数量：30 000 000 星系数量：10 000	众多大环形山内部的断层和小环形山、位于阿尔卑斯大峡谷和施洛特月谷中部的断层	 火星极冠上的裂痕、火星火山、土星环中的恩克环缝、圆盘上的风暴、天王星的4颗卫星、海卫一（海王星的卫星）、冥王星（点状） 

① Messier是法国姓氏，为了纪念天文观测大师Charles Messier，天文学家戴文赛教授特别为其选定中文名“梅西叶”，以区别于一般译名“梅西耶”。——编者注

察星云时	观察星团时	观察星系时
两块可见的星云（猎户座的2、M8礁湖星云）	几个大星团：毕星团、昂星团……	麦哲伦云、仙女星系（M31）
一视野中的M8-M20和6-M17。大星云（北美星云、瑰星云）、行星状星云M27铃星云）和NGC7293（螺星云）	众多可见但还不够清晰的梅西叶疏散星团和球状星团、几个疏散星团已经显露出其中一些恒星（M7、M39、M25、M44、M45……）	众多梅西叶星系、某些星系可见但观察不到细节部分（M51、M65、M66、M81、M99……）
西叶星云星团表的某些星的外形（M8、M17、M27、57……）、小块行星状星云，一些模糊的恒星一样闪耀星状星云、闪视星云、猫星云……）	放大率较低时可观察到梅西叶星云星团表中的疏散星团（M34、M36、M38、M41……）、不清晰的球状星团（天蝎座附近的M4除外）	众多梅西叶星系的形状，尽管对比度依然较弱
西叶星云星团表中某些云的细节（M27的耳垂、57的光环……）、星云星新总表中的几块弥漫星云GC2024、NGC2359……）	大部分疏散星团明亮且清晰、大型球状星团的边缘较清晰（M13、M22……）	多个梅西叶星系的核球亮度增强、星云星团新总表中的数百个星系，其中有一些非常清晰（NGC253、NGC4565……）
至不需滤镜就可观察到梅叶星云星团表中弥漫星云结构、某些行星状星云的色（翡翠石星云、土星状星……）	星云星团新总表中的疏散星团（NGC7789、NGC6811、NGC6939……）、一些球状星团部分清晰（M2、M3、M5、M10、M15……）	某些梅西叶星系的核球呈点状、一些星系（M51、M82、M99、M104……）的细节：螺旋臂的起点、吸收带……
云星团新总表甚至其索引录中的弥漫星云隐约可见、些星云上的细节（天鹅座边和猫眼星云中的纤维结……）、大气湍流较弱时可察到位于M57中心的恒星	不可分辨大型疏散星团（超出了视野范围）、部分星团隐约可见（M35边上的NGC2158）、球状星团的中心有时候比较清晰	数个梅西叶星系的螺旋结构（M61、M83、M100、M101……）、星云星团新总表中的绝大部分星系、遥远的星系团（后发座星系团、武仙座星系团……）

选择和使用双筒望远镜

双筒望远镜可以使人睁开双眼观察天空，观察目标既可以是银系也可以是“食”这一天文现象。在这里我们为大家介绍一下这个观星人不可或缺的好伙伴。

选择双筒望远镜

目镜旁边的两个数字分别表示双筒望远镜的放大倍数和通光孔径（物镜直径）。例如，8 × 32 的双筒望远镜可将物体放大8倍，而它的通光孔径为32毫米。双筒望远镜的物镜越小，放大倍数越低，我们就能更容易地观测，不会觉得手抖或太累……但我们能看到的东西也更少了！一副常规的天文用望远镜的型号是10 × 50，用手举着它观察没问题：强烈建议使用这个型号，更强大的型号需要安放在三脚架上。

调节你的望远镜

在白天调节望远镜时，我们需要对准远处某一物体，而在夜晚则需要对准发光的星星或者月球，参考下图的指示进行。最好首先调整一下目镜间距，避免看到的画面出现重影。然后分别微调两个目镜的焦距（调整其中一个目镜时需遮住另一只）：转动中央调焦旋钮调节左焦距（如①），然后转动屈光度调节旋钮调节右焦距（如②）。在没有视差的情况下，只需将屈光度调节旋钮归零即可。最后的环节是睁开双眼，再次转动中央调焦旋钮，直至左右眼的视野都变得清晰。

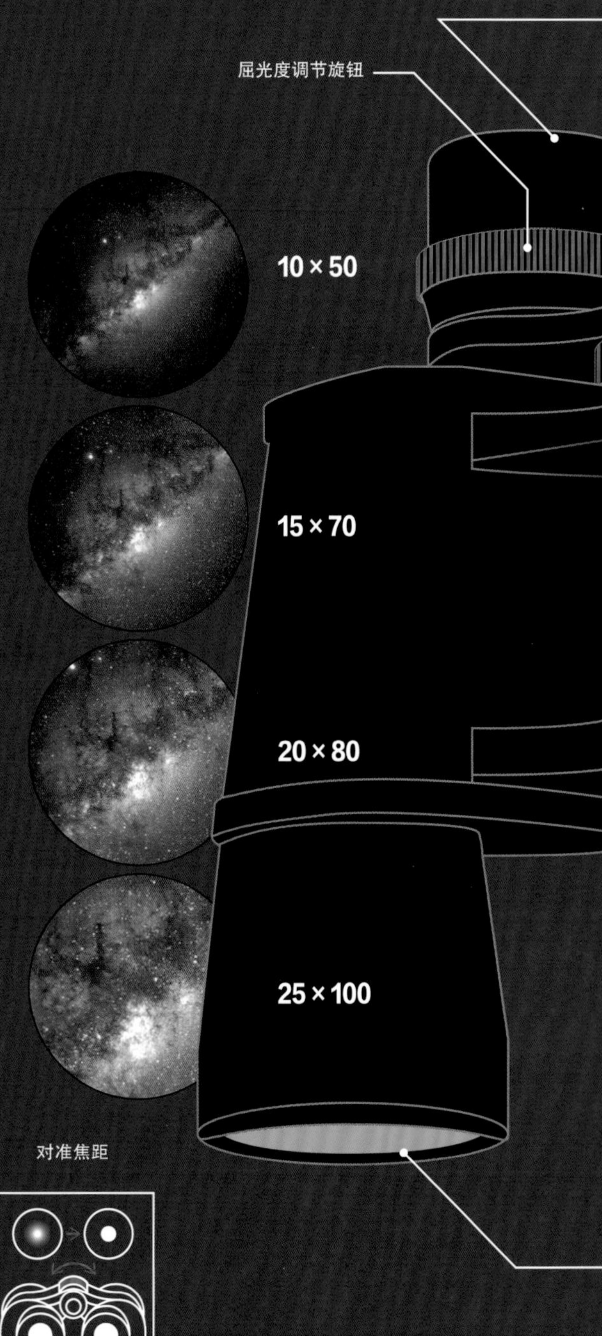

调节屈光度

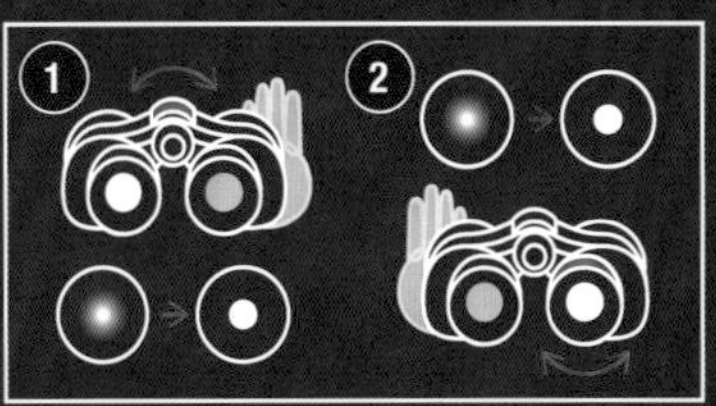

对准焦距

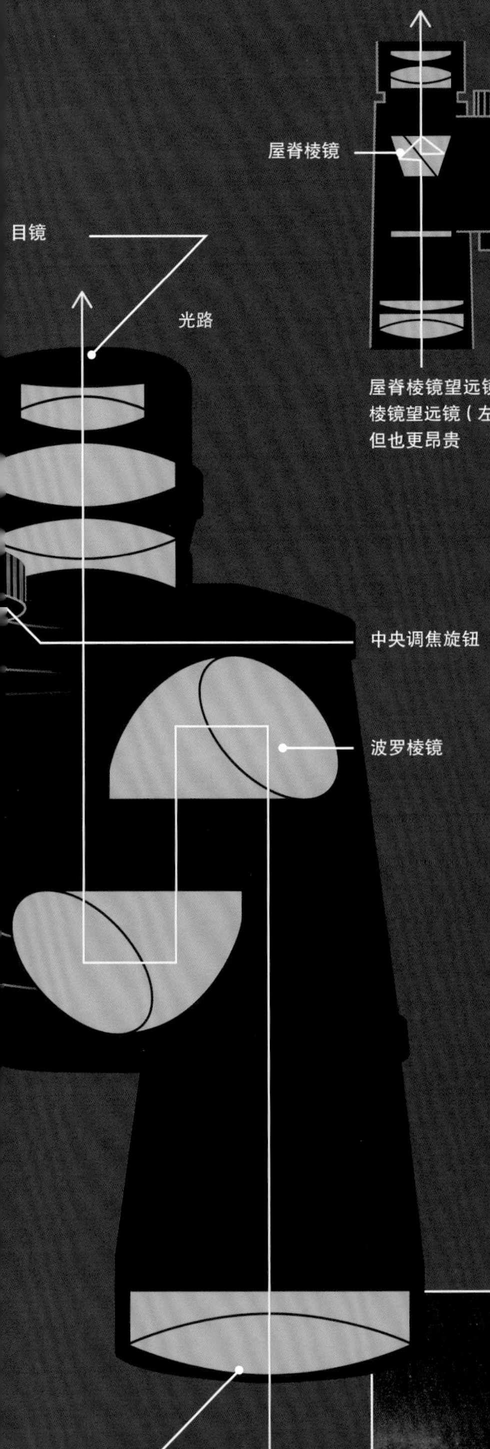

屋脊棱镜望远镜（上图）比波罗棱镜望远镜（左图）更小巧轻便，但也更昂贵

轻松观测

人们举手拿着望远镜时，尽管望远镜不重，还是会有一些颤抖，因此会感到疲劳。为避免这种现象，我们要毫不犹豫地借助桌子的力量支撑，或者把望远镜固定在三脚架上。哎呀，天空中高挂的星辰会让人的脖子酸痛。还是半卧在长椅上观看星空比较舒服。我们也可以轻松调节休闲椅的倾斜程度，能工巧匠们还会把他们的望远镜固定在靠背上以避免抖动，如下图所示……很奢侈哟！

有一种叫“猫头鹰之眼”的望远镜很不错。尽管这种望远镜只能将物体放大2倍，它的视野范围与肉眼一样大，但我们通过它可以观察到的星辰数量是用肉眼观察的4倍。使用这个望远镜看到的银河系会让你高兴得发出猫头鹰般的叫声。

选择天文望远镜

购买一架天文望远镜，通常意味着要砸锅卖铁。为了做出正确的选择，我们最好提前了解各式望远镜的优缺点，并大致了解它们的功能。

单筒望远镜

在单筒望远镜（即折射望远镜）内，光线穿过物镜，直接聚焦到目镜上。有一种看法认为单筒望远镜是最好的观测仪器。实际上事情没这么简单，因为以同样的价格，你可以买到通光孔径比它大得多、清晰度和透光度也更好的天文望远镜。

- 画面质量好（消色差望远镜）或极优（复消色差望远镜）
- 对比度优于通光孔径相同的反射望远镜（无副镜）
- 精确的光学对焦（除非掉落或碰倒了仪器）

- 易受气雾影响（需要准备防雾器）
- 消色差望远镜有色差残留
- 通光孔径大于800毫米时较臃肿且笨重

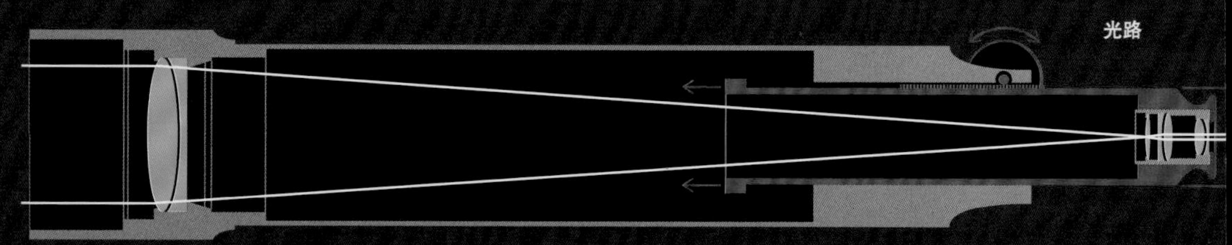

牛顿望远镜

这是第一个被发明出来的望远镜（牛顿于1671年发明），一直为业余爱好者广泛使用。光线由凹面反射镜（主镜）反射，然后被平面反射镜（副镜）反射到侧面。由于光线没有通过透镜，我们称其为反射望远镜。那些认为这种望远镜质量不佳的传统观念纯粹是错误的。

- 无色差（无折射镜片）
- 极有竞争力的价格
- 重量小于通光孔径相同的单筒望远镜

- 残留的光学缺陷（彗形像差）可用彗差改正器修正
- 两块反射镜的校准相当复杂

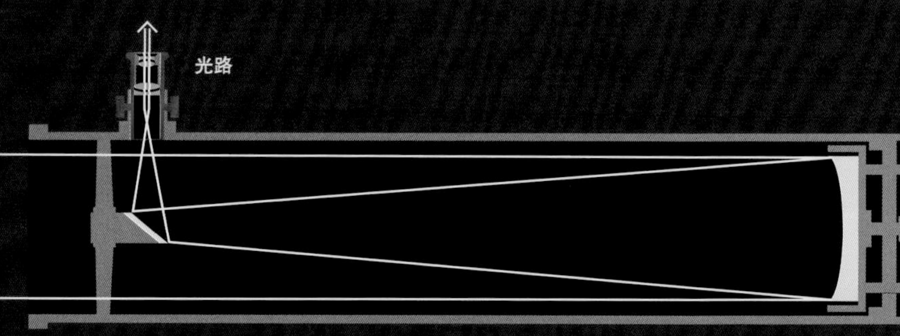

紧凑、轻便（光路折叠），通光孔径达200毫米也可轻松移动

性价比高

- 易受气雾影响（需要准备防雾器）
- 光学校准要求精度高并且可能前功尽弃

施密特-卡塞格林望远镜

这种望远镜由三个光学元件组成：一个球面主镜、一个凸面副镜和一个矫正球面主镜像差的改正片。如果我们为这种望远镜配备缩焦器（见第64页），那么它不适用于观测星云和星系的传统观点是不正确的。

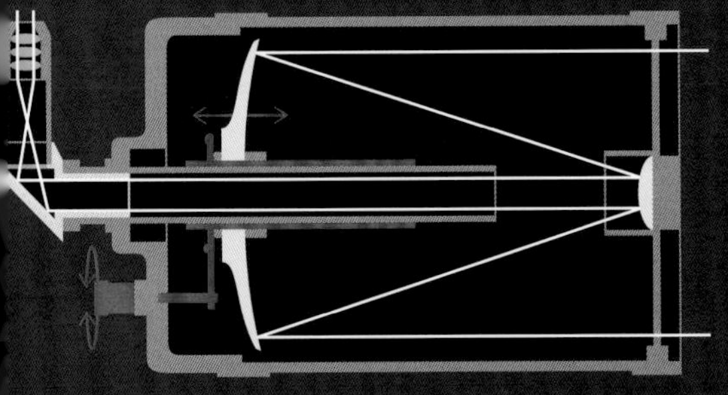

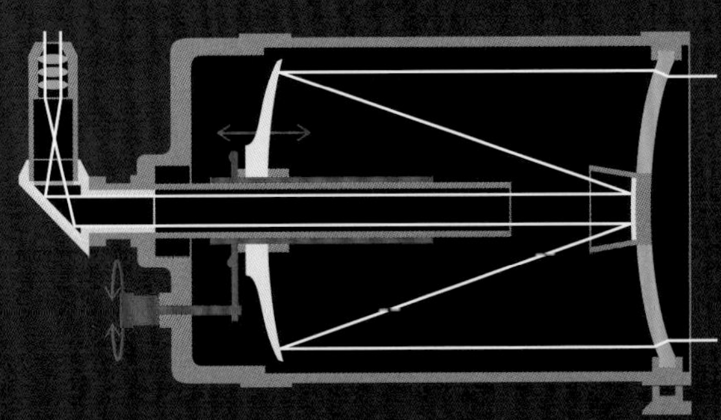

马克苏托夫-卡塞格林望远镜

这种望远镜通常被称为马克苏托夫望远镜，与其近亲施密特-卡塞格林望远镜相比，它有一个更厚的、造型更简单的改正片。传统观念认为其光学模式优于其他望远镜，主要是因为其光学元件的分布非常稳定，总能获得最佳观测效果。

成像质量高

光学校准稳定
（通光孔径小时无此调节功能）

- 易受气雾影响
- 视野有限
- 通光孔径大于150毫米时笨重且昂贵

各式望远镜的价格

望远镜类型	孔径（毫米）	对焦方式	具体型号和价格
直筒望远镜	80	手动对焦	Skywatcher AZ3，约210欧元
马克苏托夫望远镜	90	自动对焦	Skywatcher AZ SynScan，约450欧元
牛顿望远镜	114	手动对焦	Starblast Orion，约250欧元
牛顿望远镜	200	辅助对焦	SkyQuest XT8 Orion，约780欧元

通光孔径与焦距

光学元件的孔径在很大程度上左右着元件的性能。其中，分辨率与通光孔径成正比，而放大光线的能力更是随之成倍增加。当然，仪器的重量和体积也会随着通光孔径的变大而成倍地增加！焦距决定了望远镜的放大倍率和视野范围。焦距对天文观测的影响没有对摄影的大，因为还有其他配件可以对焦距进行修正（见第64页）。

调节望远镜的镜片

一架天文望远镜只能在它的镜片完美地对齐时才能提供清晰的图像。调节望远镜的镜片被称为准直，这并不是非常困难。只需花点时间，一步一步地去做就行了。现在让我们一起来试试吧！

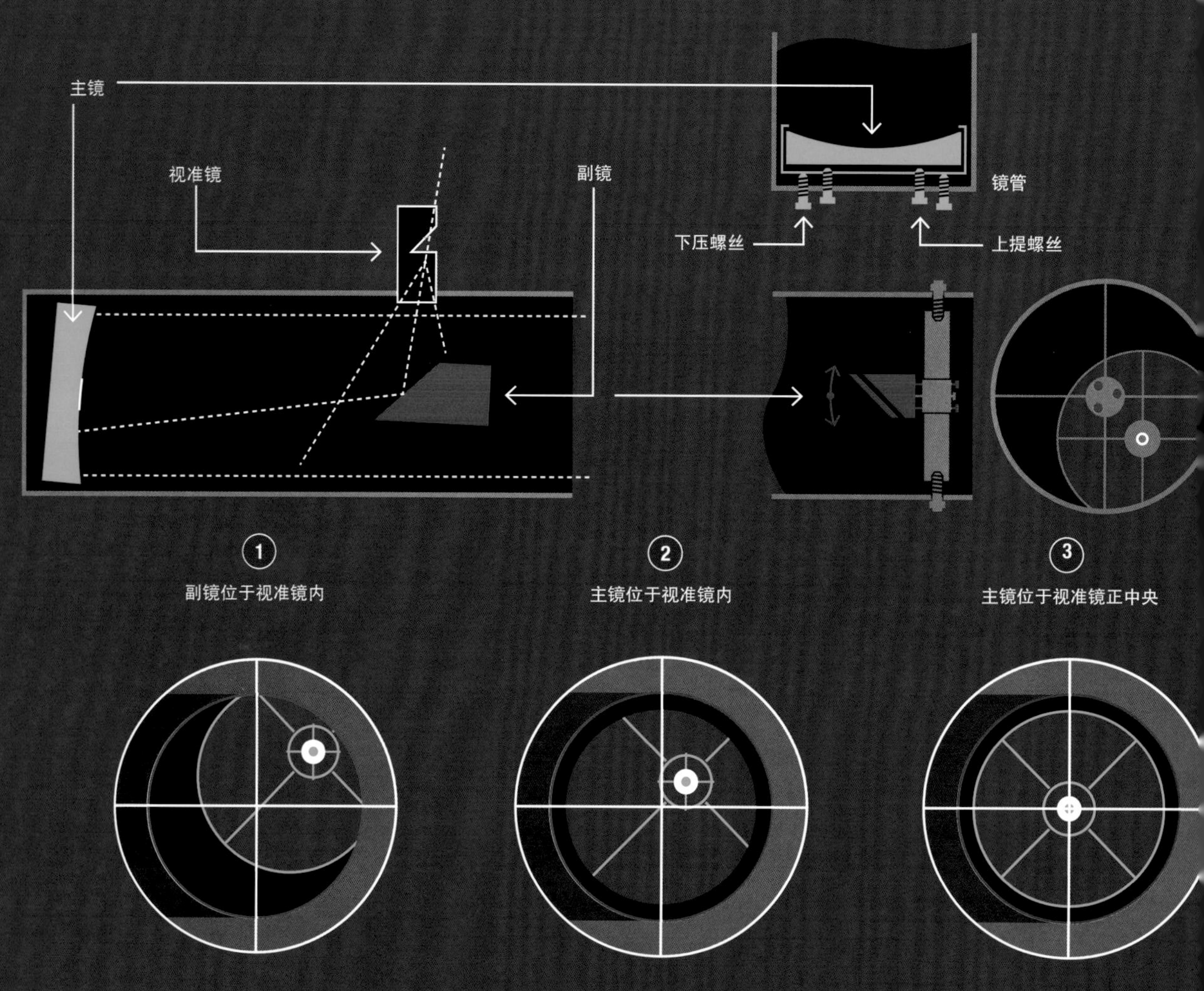

牛顿望远镜

将望远镜对准一块被均匀照亮的区域（墙壁或者白日的天空），通过安装有Cheshire视准镜的望远镜（约40欧元）调节。

① 两块镜片尚未对准。拧动副镜（粉色圆圈部分）的三个螺丝将主镜（蓝色圆圈部分）移动到它的正中心。

② 第一步成功后，副镜位于视野中，但观测目标还没有出现在视野中心。此时，请转动主镜的螺丝直到符合要求。注意：在没有松动下压螺丝的情况下不要拧紧上提螺丝。

③ 镜片对齐之后，所有圆圈的中心都位于同一点，即视准镜的正中央。

施密特-卡塞格林望远镜

只有副镜可以调节，但调整它的位置必须十分精确。因此，你们需要在夜间对准一颗星星，以中等或更大的放大倍率（1—2×，通光孔径单位为毫米）进行准直调节。调节副镜使镜头轻微失焦，直到观测目标看起来像一个小小的圆环。如果这个小圆环不对称，拧动副镜的三颗调节螺丝（按照示意图所示）一点点地调节。

A 逆时针方向

顺时针方向

B 顺时针方向

C

B

A

逆时针方向

C 逆时针方向

A 顺时针方向

激光准直器可以对牛顿望远镜进行精确的准直调节。圆环必须出现在主镜中间（你们可以自己去完成），否则后续操作意思不大。首先调节副镜，将激光点移到圆环中心；然后调节主镜，使得激光束精确地返回瞄准器的中心。由于激光束过于危险，我们不建议青少年使用这个仪器。

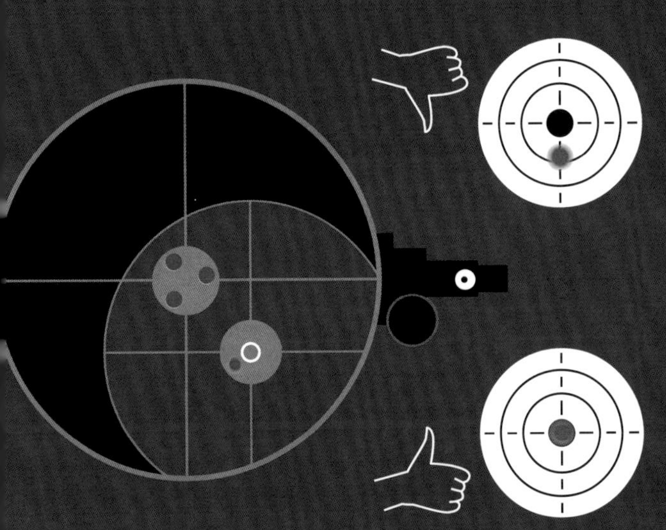

得心应手地使用天文架台

不管是经纬仪架台还是赤道仪架台，都是望远镜的重要支撑。安装得当的话，望远镜就能指向星辰并保持稳定的观测。现在我们来了解一下每种架台的特点和使用时需要注意的地方。

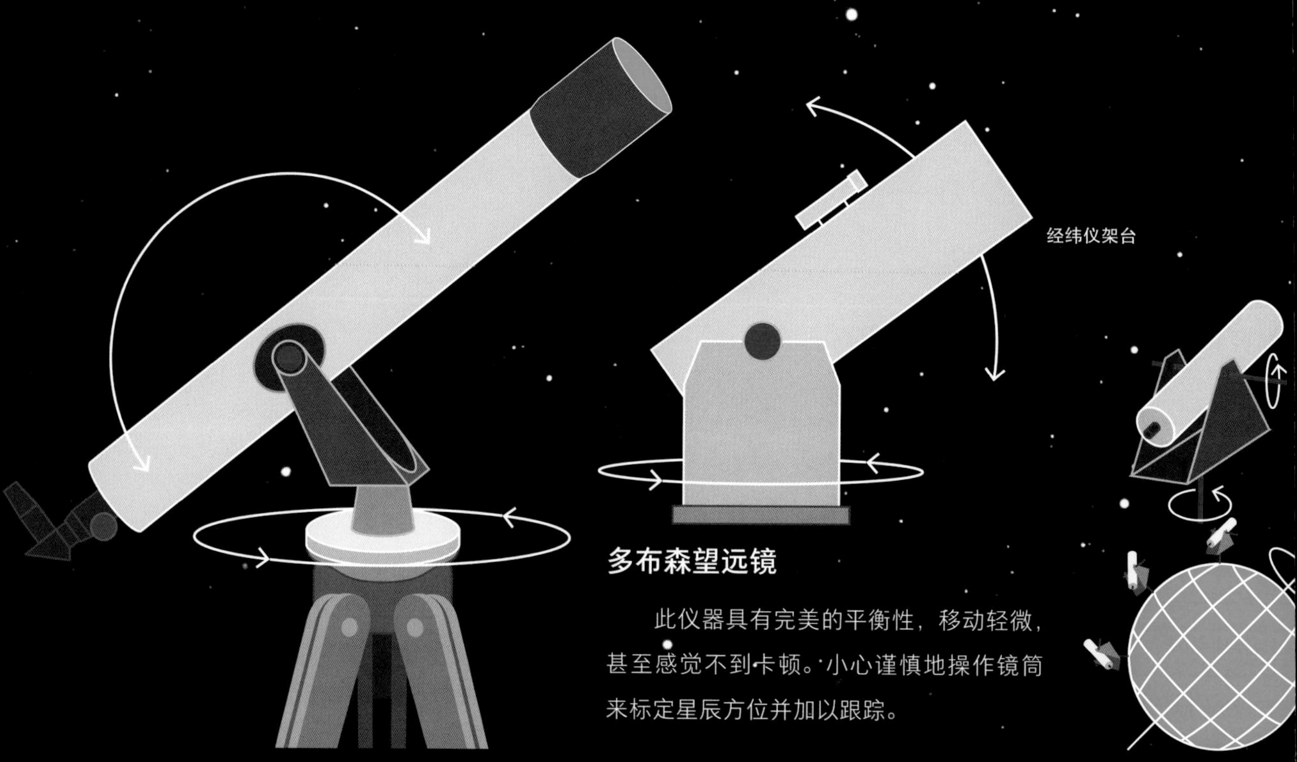

多布森望远镜

此仪器具有完美的平衡性，移动轻微，甚至感觉不到卡顿。小心谨慎地操作镜筒来标定星辰方位并加以跟踪。

经纬仪架台

经纬仪架台的安装非常简单。但是，必须同时操作两个轴，以便抵消地球自转的影响。在某些自动化仪器或GO-TO架台上，是由两台驱动马达担负此项工作的。

	安装
1	调整三脚架的高度和水平。
2	将架台固定在三脚架上。
3	拧紧两个轴的制动器。
4	将望远镜固定在架台上。

	使用
1	手动标定：放开制动，将望远镜对准观测目标，拉紧制动。
2	手动跟踪：同时调节两个轴。
1'	自动标定：按照说明书校准方向。只使用马达标定星辰。
2'	自动跟踪：自动模式。

赤道仪架台

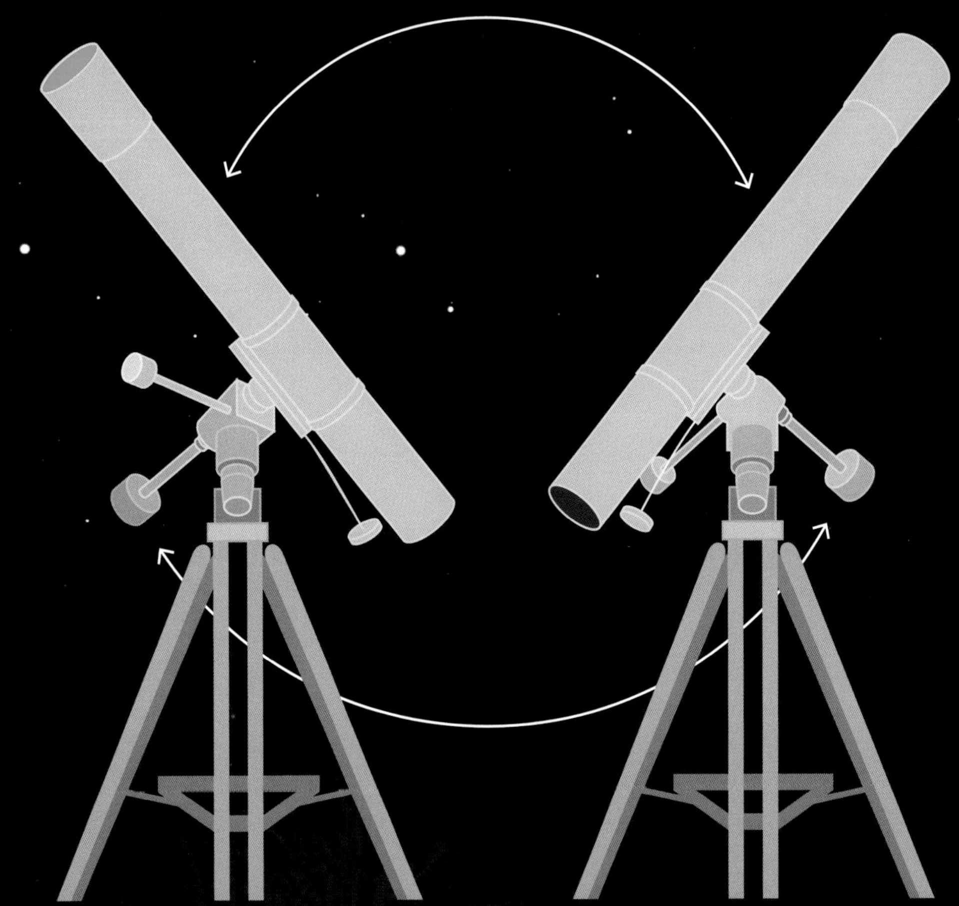

赤道仪架台

赤道仪架台比经纬仪架台的操作更复杂，尤其是它必须要对准天极并使其保持平衡。这项工作一旦完成，即使没有驱动马达，跟踪星辰也很容易，因为用赤道仪跟踪星辰只需要调节一个轴。

	安装
1	将架台固定在配重轴垂直于地面的三脚架上。
2	调节纬度，将极轴朝北（在白天可使用指南针，在夜晚则使用极轴镜）。
3	将配重安放在杆的一端，拧紧防坠落螺丝。
4	将镜筒固定在架台上。
5	沿着杆的长度移动配重，平衡赤经轴（拉开制动，望远镜不转动）。
6	在套筒里移动镜筒（同上）以平衡赤纬轴。

	使用
1	拉开两个轴的制动。
2	将望远镜对准观测目标（注意镜筒不要碰到三脚架）。
3	拉紧制动并开始跟踪。
	手动：只转动赤经微调手轮。
	自动：自动跟踪。

准备一次观测

一个出游者不会在不了解天气、不研究行程、不穿好合适的衣服的情况下就出发，当我们想要漫游于星际之间，而且不想浅尝辄止的时候，道理也是一样的。

核实气象信息

为了解夜间的天气情况，请使用可靠的网站，如 Météoblue（www.meteoblue.com） 或 Sat24（http//fr.sat24.com/fr）。第一个网站提供气流的预报，第二个提供实时卫星图像，可以了解实时的天气变化。

照顾好自己

如果说在夏季室外只穿一件轻薄的小毛衣就行了的话，为了抵御寒冷的冬夜，我们要毫不犹豫地穿上真正的滑雪服，而且还要准备零食和热饮。（可别含酒精哟，除非你想看到更多的星星！）

保养你的器材

镜片上的几粒灰尘不会影响视线，但是如果灰尘太多了，就要使用吹气管或除尘器清除掉。光学镜片容易变得油腻。清洁观测筒的目镜镜片时，特别是由于其与睫毛频繁接触，就要在上面喷水蒸气（而不是唾沫！），然后立即用擦镜纸擦拭。也可以使用特别的光学清洁笔清除。折射镜和反光镜更要小心。理想的做法是将它们竖着放好，用纯化水喷射表面：先用清洁剂，再用纯化水，最后晾干（这样你就用不着去抹，也不用去擦）。在防尘状态下存放的器材几年才清洁一次。

学会使用Stellarium

Stellarium是一个精确、美观的用户友好型天文软件。它可以让你细致入微地准备天文观测工作。将你想了解的天象的日期和时间输入①。要检索天体，只需在②键入其名称。使用ctlr+上箭头可以放大（ctrl+下箭头可以缩小）。最后在③，你会看到星球在你所选择的时间里如实呈现的样子，或者得到一张漂亮的星云或星系照片。

预想你将要观测的星体

在条件良好的夜晚能否用Stellarium看到星星，事先看一看十分必要。请将有意思的观测目标浏览一遍（可以从本书中举出的例子中找）并确定这些星体何时在天空中处于最佳位置。如果你要观察暗淡的星体（星团、星云、星系），一定要确认那个时候的天空中看不到月亮。

毫不费力地瞄准星辰

由于放大倍率的原因，直接通过望远镜瞄准星星不是件容易事。为便于完成这个任务，可以使用装配有光瞄器或寻星镜的观测镜。下面介绍一下这种仪器的使用方法。

调节你的寻星镜或红点瞄准器

①	天黑之前，用配备有最小放大功能的望远镜标定一个远方静止的目标（比如房顶上方的一个细节），不用担心寻星镜里看到的物体。
②	拉紧支架的制动并不再去碰它。
③	使用红点瞄准器：视觉不会倒过来，一个光点（有时是一个准星）指示出瞄准的方向（3a）。将光度调到最亮。旋转支架上的两颗调节螺丝（上/下和左/右）直到圆点与目标重合（3b）。
③	使用寻星镜：视觉是颠倒的，瞄准点（亦称为光十字丝）指示出瞄准的方向（4a）。转动支架（有的寻星镜有双环和六个螺丝）上的三个螺丝，将目标移动到十字中心（4b）。最好是轻轻松动一个螺丝，同时拧紧另一个：最后，所有的螺丝必须顶紧寻星镜。

1

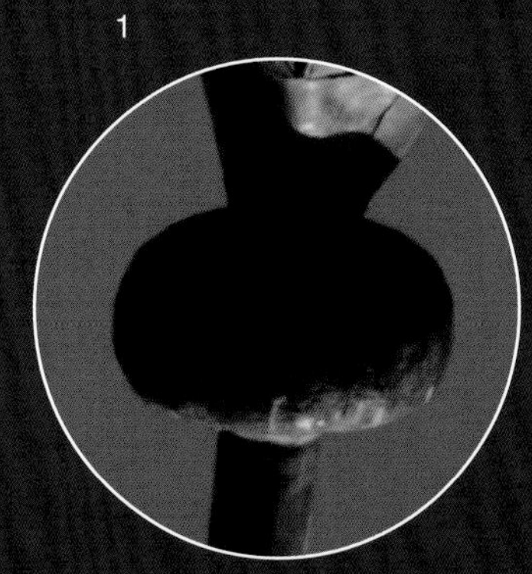

3a

偏离状态

3b

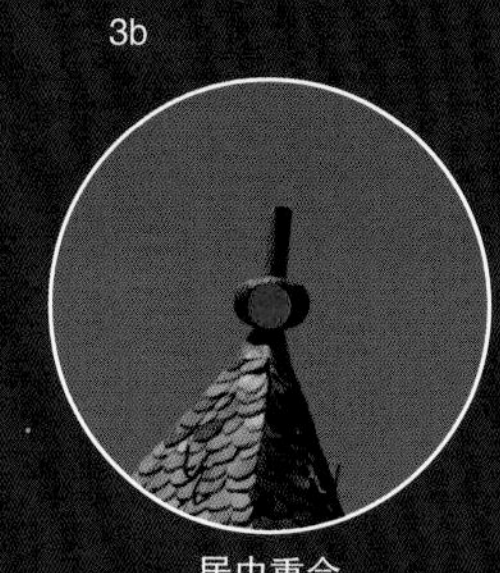

居中重合

当你对观测物一无所知时，如何辨认那些星辰呢？

你知道怎样不用任何寻星镜就能够瞄准一颗星辰并能更多地了解它吗？要做到这一点，你只需要你的智能手机和应用软件（比如SkyMap）。把你的手机指向你感兴趣的星星，如果手机的陀螺仪正常工作的话，你就会在手机屏幕上显示的天空里找到那颗星，并且它的名称也标在上面。然而我还是想告诉你，通过望远镜观测看到的景象更美！

4a　　4b

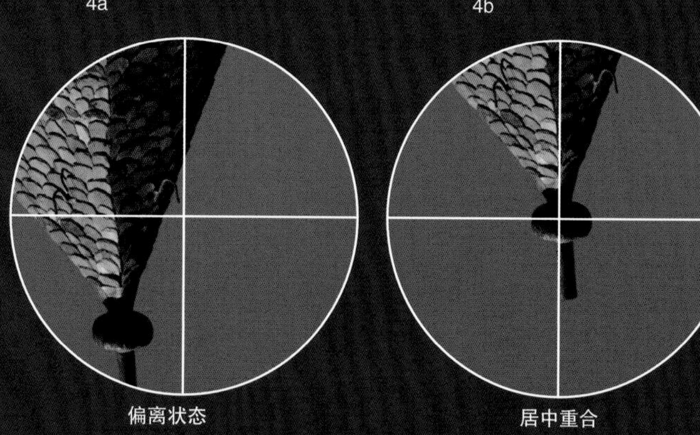

偏离状态　　居中重合

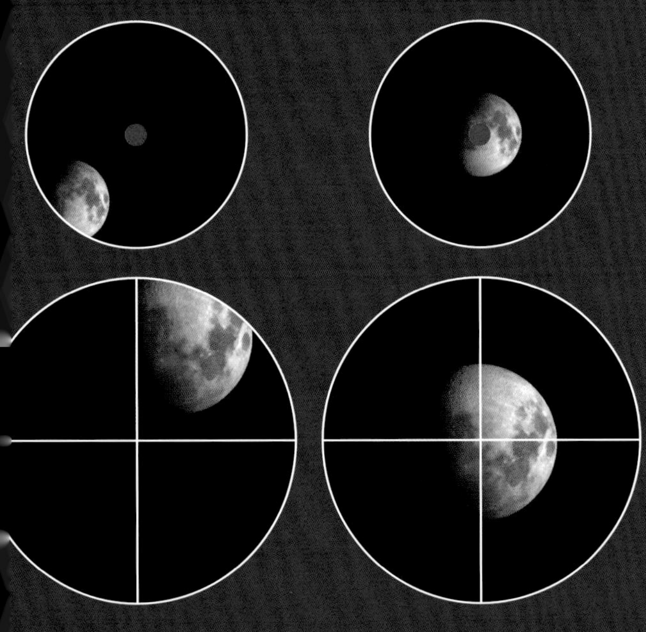

使用红点瞄准器

这是一种用来轻松瞄准月球、行星和恒星的理想装置，但对肉眼看不见的物体不管用。不管你的眼睛动不动，红点都固定地投射向天空，这倒是很方便。将望远镜大致对准正确方位后，微调支架，将红点一点点地移动到天体上。在整个操作过程中，你可以一直睁着双眼观察。

使用寻星镜

寻星镜是一种非常小的带有标线（一个十字）的望远镜，可以放大5—10倍，能够捕捉到肉眼看不见的星辰。拉近距离的时候，建议你保持双眼睁开，目视调焦旋钮调整焦距。为了争取时间，操作仪器时松开支架的制动。当你看到星辰在寻星镜里出现时，拉紧制动，用主观察眼观察，微调支架，将星星调整到十字中央。如果你忘记了看到的运动方向和实际运动方向是相反的，这一调整马上就会提醒你！

注意太阳

太阳从不会在寻星镜里出现，也不会在红点瞄准器里出现，否则就会失明。可以使用视筒在地上的投影：这个影子定能勾画出最小的椭圆形。

使用GO-TO望远镜

一架GO-TO望远镜在校准之后，可以自动瞄准星辰。要做到这一点，需要事先在控制面板上设定好地点、日期和时间，然后再相继瞄准两颗明亮的星辰并输入其名称（除非使用自动识别的SkyAlign系统）。这样你就可以让仪器瞄准一颗星星，或者使用“巡视”功能浏览此时此地的天空中最壮观的天体。注意：这套系统不考虑观察当天的天空质量，在城市中心也能寻找光亮微弱的星云。最后一条建议：避免直接从天空一头跳到另一头，从最小的放大率开始观察。

像专业人员那样观测 I

光学对焦完成后，傍晚的观测工作即完美就绪。现在，只需将视线对准观测器！但是别太着急……把仪器拿出来以后，还有几个小小的准备措施需要认真对待。

将仪器置于适合的温度

如果望远镜本身的温度与外界空气温度不一样，即使你周围的气象状况极为稳定，也会得到模糊的图像。实际上，看不见的气流会在观测筒的内部和上方形成。为了避免这种情况，最好在黄昏刚刚开始时就将望远镜拿到外面。如果因为这样或那样的原因，你只能在夜幕降临时拿出望远镜，请留出一小时左右的时间让它适应温度，尤其在冬季的时候。

在夜间看得更清楚

眼睛是我们看星星最珍贵的传感器。转换到夜间模式时，它会激活视网膜上的敏感细胞，即视杆细胞，这些细胞在20来分钟后才能满负荷运行。刚刚走出明亮的房间就去寻找微光的星云是徒劳的！一旦你的眼睛适应了暗光环境，你只能用弱光照明，而且不能看屏幕。有经验的观测者在观看最暗淡的星辰时都会转移一下视线，向旁边瞥上一眼，星光可更好地被视网膜边缘的视杆细胞捕捉到。你们也这样试试看吧！

避免水汽

夜晚，潮湿的空气在地上形成露水。决不能让露水落在光学仪器上，因为这水汽能使图像变暗。因此，防雾器对于大多数仪器来说不可或缺（见第52页）。如果夜晚特别潮湿（比如在海边），这个配件还不够，特别是当你把望远镜高高地指向天空的时候。这种情况需要置备可移动的发热管加以抵御，这个方法非常有效，但必须提供外部电源保障设备的运转。此外，要考虑到目镜也会受水汽影响：不要让它们在没有遮罩的情况下暴露在室外。

消除水汽

如果你看到的画面变得昏暗而空中并无云彩，你一定是受到了水汽的影响！就像我们曾经见到的，即使有防雾器，这种情况也会发生。为了做出准确的判断，以一定的角度照亮前透镜：一层薄雾会立即显现。你可以用光学拭布（如果没有的话，就用一张新纸巾）轻轻沾拭，但不要在镜面上划动。重症用猛药：如果有电源，你可以用电吹风将水汽吹干。这个办法非常安全有效，因为根本不需要碰到镜片，想吹多久就吹多久，没有任何风险。

像专业人员那样观测 II

我们在望远镜中会看到何种景象？我们看清楚需要多大的放大率？我们是否需要滤光镜？这么多合情合理的问题都不会只有一个答案。一切都取决于观察对象和我们所使用的观察设备。

计算一下放大率

放大率决定了星星在你眼中的大小，放大100倍意味着出现在目镜里的观测物是肉眼看到的100倍大——想想都感到巨大无比！

为了计算放大率（G），请将仪器的焦距长度（F）除以目镜焦距（f）的长度：G=F/f。

例如：一架望远镜的焦距F=900毫米，而目镜焦距f=9毫米，那么其放大率为G=900/9=100。

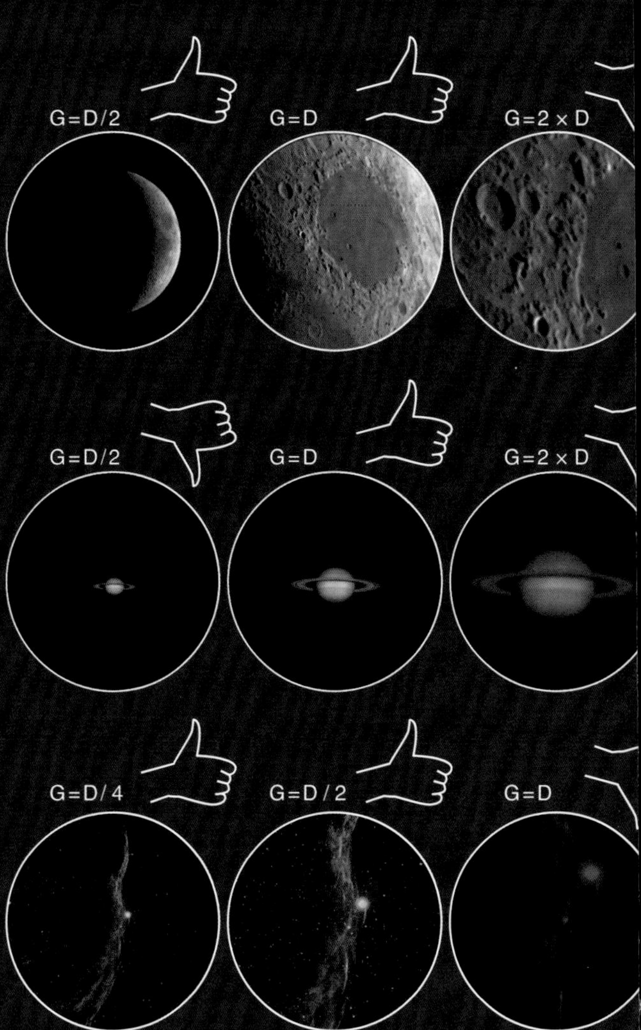

使用正确的放大率

理想的放大率根据所观测的星星的性质而有所不同，并且与以毫米为单位的仪器直径D成比例关系。在观察一颗行星时，G=D时可以得到理想状态：焦距为50毫米的望远镜的理想放大率大约为50×，焦距为150毫米的放大率大约为150×，依此类推。注意：这些数据只有当空气非常纯净和稳定的情况下才有效。在实际操作中，还是从焦距比较长的目镜开始，然后再逐渐地增加放大率。

请彻底改变放大操作

考虑到仪器本身的焦距，如果不增加透镜的数量，也不在专业器材上投资一笔巨款，要想获得很大或很小的放大率是很困难的。要获得更大的放大率，可以考虑巴罗镜，它可以一下子将所有透镜的放大率加倍。而要获得更小的放大率，可以使用减焦镜将放大率减小近一半。

眼看到的情景

弄懂图像的方向

平面镜、凹凸透镜和天顶镜可以改变图像的方向。诚然，宇宙中没有上也无所谓下。即使如此，视线在对准目镜时也不能完全失去方向感。下面介绍一下四种望远镜中的常见现象：① 双筒望远镜、② 单筒望远镜或无天顶镜的卡塞格林望远镜、③ 有天顶镜的卡塞格林望远镜、④ 牛顿望远镜。

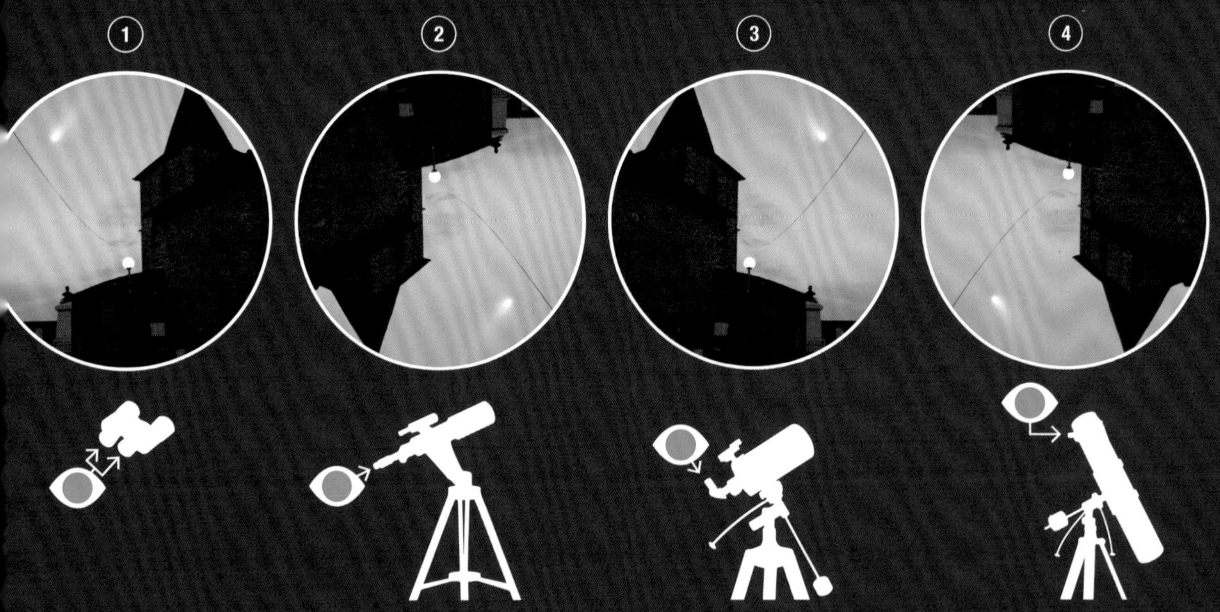

准备好滤光镜

为了看得更清楚，我们可以加上滤光镜。彩色滤光镜能够使行星表面的某些细节看起来更加清晰。其他一些滤光镜，如UHC（超高对比度）型号，可减轻光污染，让我们更好地辨别星云。要了解哪种滤光镜最适合你所观测的星辰，还是去观测仓看看吧。

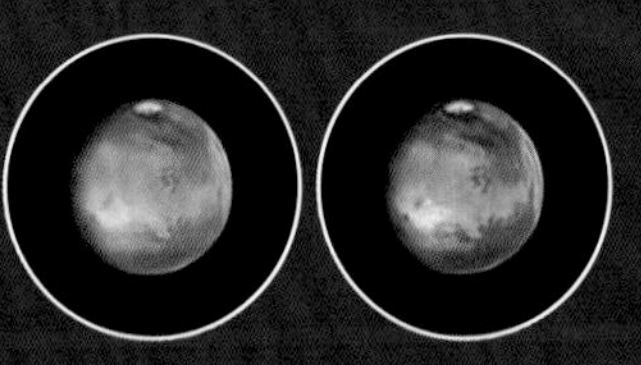
无滤光镜和有滤光镜的行星

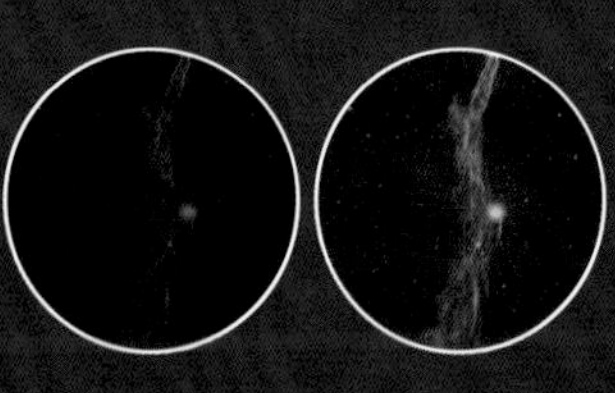
无滤光镜和有滤光镜的星云

在法国观测

好几个观测中心一整年都有由热心团队组织的使用功能强大的望远镜进行观测的活动。要到一份完整的名单，请访问http://www.afastronomie.fr/structures

① **卢迪韦天文台**
拉芒什天文学校
1700 route de la Libération
Tonneville
50460 La Hague
http://www.ludiver.com

② **佩尔什天文台**
萨尔特天文学校
9 rue Ledru Rollin
72400 La Ferté Bernard
http://percheastronomie.fr

③ **让-马克·萨洛蒙天文中心**
73 Rue des Roches
77760 Buthiers
http://www.planete-sciences.org/astro/

④ **地球科学-埃松和塞纳与马恩省天文学校**
16 Place Jacques Brel
91130 Ris-Orangis
http://www.planete-sciences.org/astro

⑤ **法兰西岛天象台**
77220 Gretz-Armainvilliers
http://uranoscope.free.fr/

⑥ **ASTRAP天文台**
63270 Isserteaux
http://www.astrap.org

⑦ 里昂安培天文俱乐部
69120 Vaulx-en-Velin
http://www.cala.asso.fr

⑧ 莱博天文台
01260 Sutrieu
http://www.astroval-observatoire.fr

⑨ 星星农场
32500 Fleurance
http://www.fermedesetoiles.fr

⑩ **神女星－观星台**
31310 Latrape
http://www.les-pleiades.asso.fr

⑪ **普罗旺斯男爵领地天文台**
上阿尔卑斯天文学校
05150 Moydans
http://www.obs-bp.com

⑫ **圣－米歇尔观象台天文中心**
上普罗旺斯阿尔卑斯天文学校
04870 Saint-Michel l'Observatoire
http://www.centre-astro.fr

⑬ **尼斯天文馆**
https://www.astrorama.net/

⑭ **默兹海岸天文台**
http://observatoiret83.weebly.com/

世界大型天文台

请看看世界十大光学望远镜和十大射电望远镜都在什么地方。如果有一天你不远行，你要知道我们还可以访问它们的网站。

1 2 **凯克1和凯克2天文台**
每个地点拥有一座反射镜为10米的望远镜
www.keckobservatory.org

3 **双子北方天文台**
一座反射镜为8.1米的望远镜
https://www.gemini.edu/

4 **斯巴鲁天文台**
一座反射镜为8.2米的望远镜
https://subarutelescope.org/

5 **大双筒望远镜天文台**
一座两个反射镜为8.4米的望远镜
www.lbto.org/

6 **霍比－埃伯利望远镜天文台**
一座反射镜为9.2米的望远镜
https://mcdonaldobservatory.org/research/telescopes/HET

7 **加纳利群岛大望远镜天文台**
一座反射镜为10.4米的望远镜
www.gtc.iac.es/

8 **巨型望远镜天文台**
一座四个反射镜为8.2米的望远镜
www.eso.org/public/france/teles-instr/paranal-observatory/vlt/

9 **双子南方天文台**
一座反射镜为8.1米的望远镜
https://www.gemini.edu/

10 **南非大望远镜天文台**
一座反射镜为9.2米的望远镜
https://www.salt.ac.za/

提供最精细图像的光学望远镜的直径仅有2.4米，被安
在海拔550千米的轨道上，它是唯一不受大气不良影响的仪器
你应该已经猜到了，它就是哈勃太空望远镜。它的继任者，
头直径为6.5米的詹姆斯·韦伯望远镜可能于2021年发射……
离地球150万千米远的地方去！

光学望远镜　射电望远镜　引力波望远镜

I　甚大天线阵列
27根25米的天线
www.vla.nrao.edu/

II　绿岸望远镜
1根100米的天线
http://greenbankobservatory.org/

III　阿雷西博望远镜
1根305米的天线
www.naic.edu ao/?q=landing

IV　阿尔玛望远镜
66根12米的天线
www.almaobservatory.org/en/home/

V　MEERKAT望远镜
64根13.5米的天线
www.ska.ac.za/gallery/meerkat/

VI　南赛望远镜
1根300×35米的天线
https://www.obs-nancay.fr/

VII　艾菲尔斯伯格望远镜
1根100米的天线
https://www.mpifr-bonn.mpg.de/

VIII　巨米波射电望远镜
30根45米的天线
www.gmrt.ncra.tifr.res.in

IX　澳大利亚平方千米阵探路者
36根12米天线
www.atnf.csiro.au/projects/askap/index.html

X　帕克斯望远镜
1根64米的天线
www.parkes.atnf.csiro.au/

A　室女座引力波探测器
有两条3千米长的干涉臂
http://public.virgo-gw.eu/virgo-en-bref/

B　LIGO探测器
（分别在汉福德和利文斯顿）
C
有两条4千米长的干涉臂
https://www.ligo.caltech.edu/

给行星拍张照吧

月球和行星的照片引人入胜——多亏了这些照片，跟踪、记录月球的相位、行星的运动轨迹或它们在其所处环境中发生的现象才成为了可能。

从何处开始

城市的光污染不会影响什么，非常精确的底片通常都是在巴黎市中心成功拍摄的。除了巴黎盆地，空气的稳定性有时在沿海和高海拔地区良好（不包括多风地带）。然而，还是应该远离这些地方……

使用何种传感器

可以使用手机在目镜后面照几张相片，但是只有小型摄录机就可提供真正精确的图像（在这种情况下我们不使用目镜）。开始时，先主要考虑小规格的彩色传感器。用大型黑白传感器拍月亮非常好，但需要一台相当强大的计算机。ZWO公司出售的摄像机的性价比让爱好者们达到了盲目信从的程度，无论如何也要200欧元起步的价格。

使用何种望远镜

好消息，任何一种型号的望远镜都适合拍月球和行星照片。重要的是调整好器材的焦距/直径比（53页），使获得的星辰既不太小也不过度地被放大。如果你使用一台2.5微米左右的很小像素的摄影机，就要把焦距/直径的对比推到10—15（比如初始设置是巴罗镜2×、焦距/5的望远镜）。如果像素大约是5微米的话，在需要时借助两个巴罗镜，该值将翻倍。

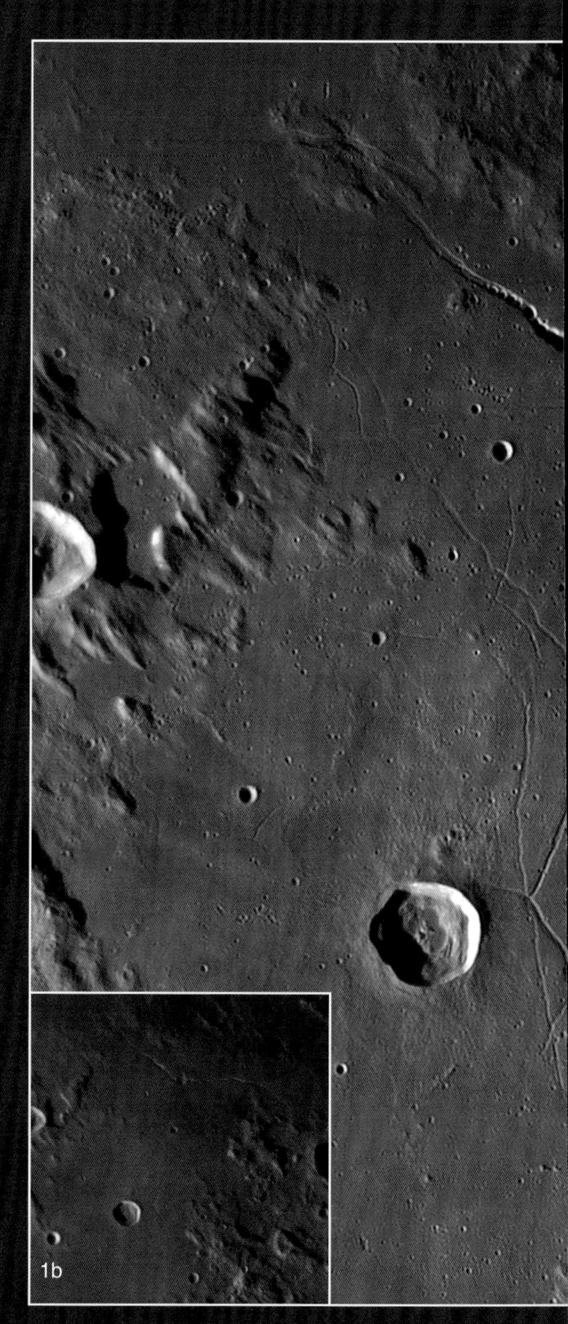

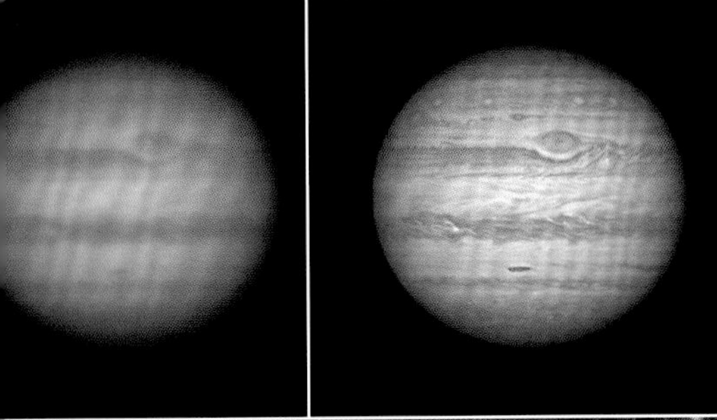

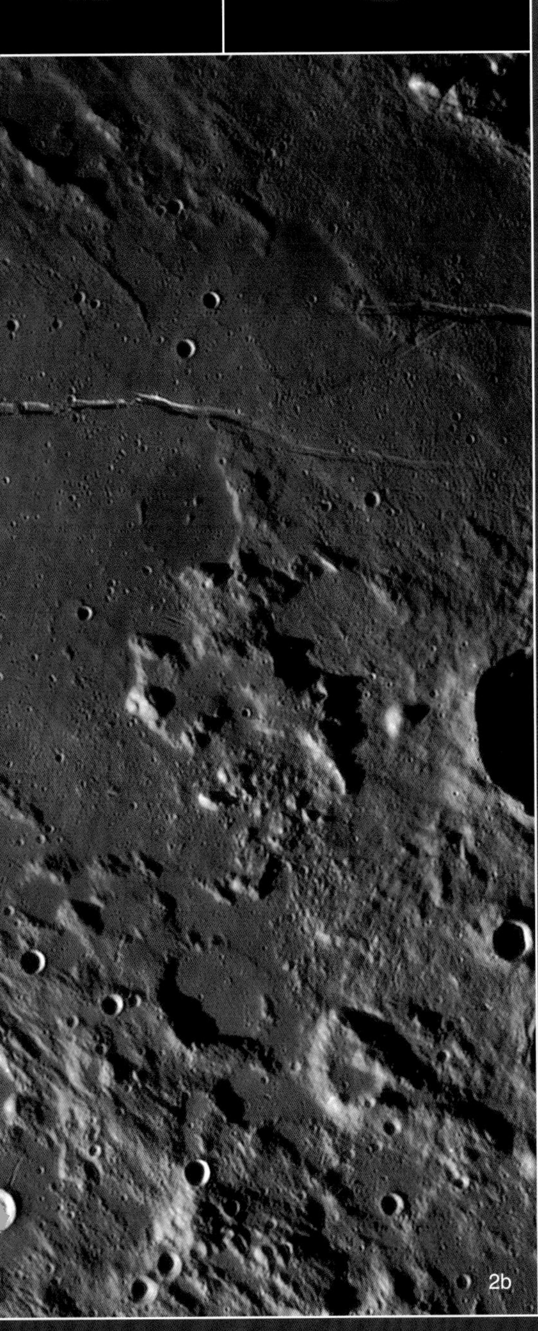

取景原则

首先将行星置于目镜中心，然后安好相机，将配有采集软件（相机自带软件或Genika）的计算机与其相连。对准焦距，调整相机的曝光度和放大率，让相机不至于曝光不足或曝光过度。然后盯着行星拍摄1—2分钟：如果行星看起来像一锅沸腾的开水，说明大气湍流过强，这种情况下就不要坚持观察了。

用什么前期处理软件

天文爱好者们口中的前期处理是指将包含数千张图像的原始影片转变成一张“原始图像”的阶段，由此得到的粗糙的颗粒状图像将是第二阶段需要处理的（1a和1b）。免费软件AutoStakkert! 3不可或缺：不用修改初始设定，把图像交给软件，让其自动对齐每一个点……只需几分钟就能完成。

用什么后期处理软件

后期处理主要是突出原始图像里看不见的细节。好几个天文学软件（比如Registax和Iris）都包含小波函数，十分适合完成此项工作。交替操作不同的光标直到出现你满意的结果（2a和2b）。注意，Registax里的这些“小波”是与一个可调节的效果不错的降噪函数结合在一起的。

给深空拍张照吧

拍摄星团、星云和其他星系明显比拍摄行星困难得多。然而，这样的拍摄呈现了星辰色彩缤纷的壮观景象，否则它们在目镜中只是灰蒙蒙的光雾。

从何处开始

没有光污染的天空是成功的关键因素：城里的天文爱好者们，逃离你所在的城市吧，最好是南下到乡村去。这很能说明问题，巴黎的光晕在150千米开外依然清晰可见……一个没有雾或薄云的稳定的气象状态是拍摄的必要条件。

使用何种传感器

用一台数码单反相机开始堪称完美，因为它可以实时变焦，并且不需要计算机处理即可获得图像。做好300欧元起步的预算。为了以最佳方式捕捉到微光星辰，摄影师们选择带有黑白图像传感器的CCD相机，并通过热电效应冷却传感器获得降噪效果。因此，你要花费至少1 000欧元才能进入专业领域。

使用何种望远镜

安装在数码单反相机上的摄远镜头对于初学者来说堪称完美。然后你可以尝试使用望远镜。焦距/口径比起决定性作用：这一值越小，曝光时间越短，这是最关键的。如果不希望照出来的星辰变形，拥有一个视野修正器就十分必要。一套导航配件作为望远镜的小配件，也显得相当重要（比如Lancerta MGEN）。

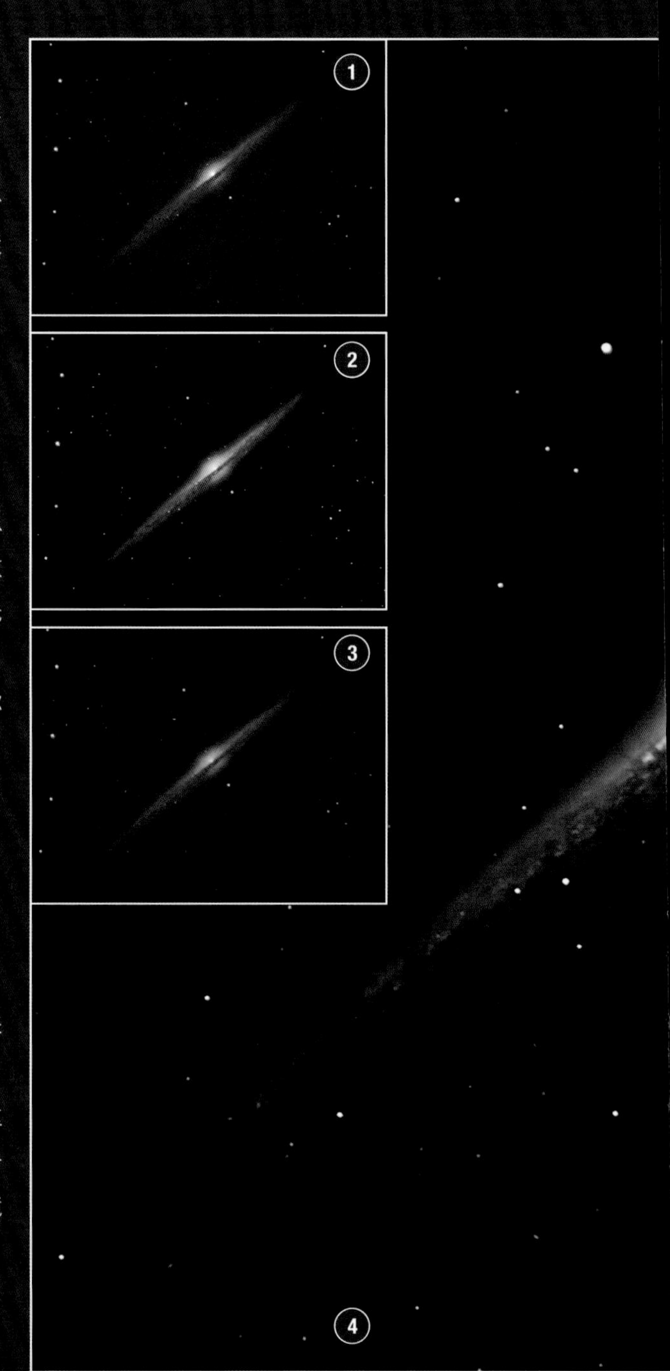

取景原则

使用适配器将相机固定在望远镜上。首先把相机对准星辰粗调焦距。待目标物体居中后，启动自动调焦系统对准焦距。你已经准备好拍出一系列照片了，通常每一张都要曝光几分钟。最后还要盖上镜头用同样的曝光时间拍几张照片，以记录传感器的噪点。

用什么前期处理软件

前期处理的原则是将所有图像①整合成一张信息量大又没有噪点的图像②。在现有的软件中，深空栈式存储器（DDS）以其简单的使用方法而颇具吸引力。保留默认参数，导入你拍摄的图像，几分钟就能得到处理后的图像。如果使用CCD相机，还必须结合分别用蓝、绿、红滤光镜拍摄的图像③才能合成一张彩色图像。

用什么后期处理软件

由于星云和星系都是亮度极弱的天体，后期处理主要是为了提高它们的亮度和对比度，直到出现预期的效果④。传统的图像处理软件如Photoshop（付费）或GIMP（免费但太简单）在处理图层时尤其好用。CCD相机的使用者偏爱Iris（免费）或Pixinsight(付费）等功能比较强大的专业天文软件。

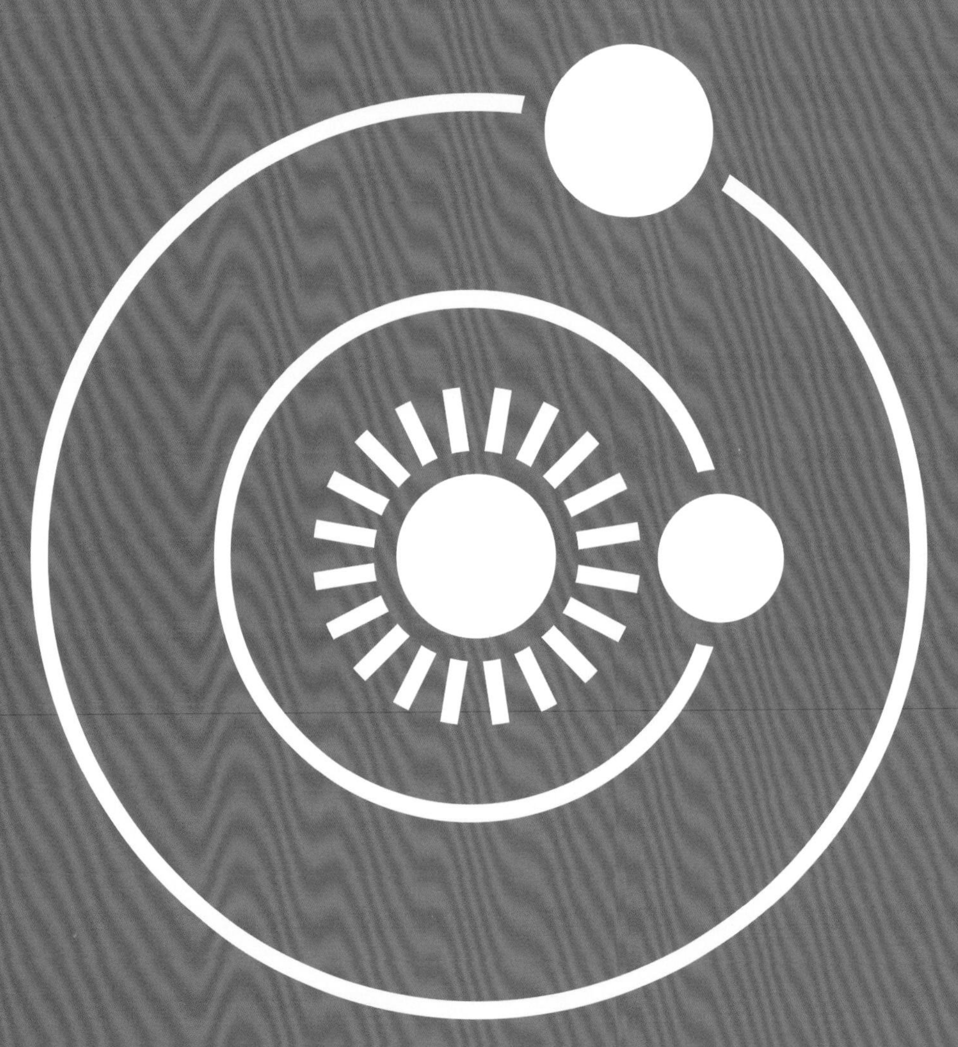

第四章

揭秘太阳系

你对太阳系着迷吗？你想近距离观察火星上的水、木星的光环和遥远星球的绚烂色彩吗？你还想知道星空在一架小小的望远镜中看起来是什么样子吗？现在就通过太空探测器震撼人心的底片和贴在望远镜上的眼睛，去探索宇宙吧！

在地球大气层内

那些最壮美的天文景观就发生在我们头顶上空高高的地球大气层中。或大或小的宇宙空间物质一旦穿过大气层，就会开始发光。

流星

流星是太阳系中的“小石子”穿过地球大气层时产生的发光现象。流星体碎片经过大气层时会使空气发热，它的运动速度极快，导致了火花的产生，这一现象令人惊叹不已。当地球与彗星的运动轨道相交时，人们会有更多的机会观察到流星，因为此时彗星会在它的运动轨道中留下大量的碎片，人们称这种现象为流星雨。在地球上，1年内至少有12次流星雨，其中最著名的要数8月12日前后的英仙座流星雨。流星雨以辐射点（即流星出发的点）所在星座的名字命名。许个愿吧！

流星雨	活跃时间	辐射点
象限仪座流星雨	1月3—4日	牧夫座
天琴座流星雨	4月21—22日	武仙座
宝瓶座艾塔流星雨	5月5—6日	宝瓶座
英仙座流星雨	8月11—13日	英仙座
猎户座流星雨	10月20—21日	猎户座
狮子座流星雨	10月16—17日	狮子座
双子座流星雨	12月12—13日	双子座

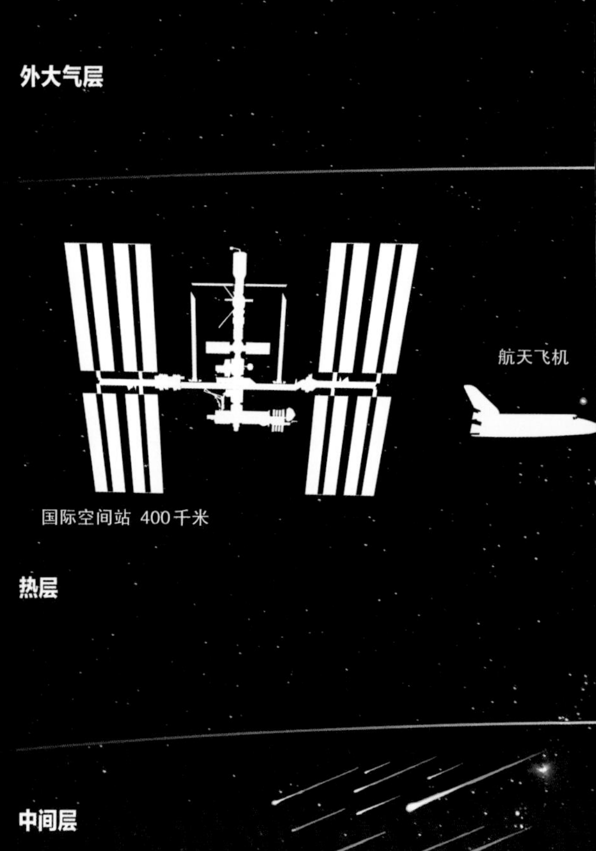

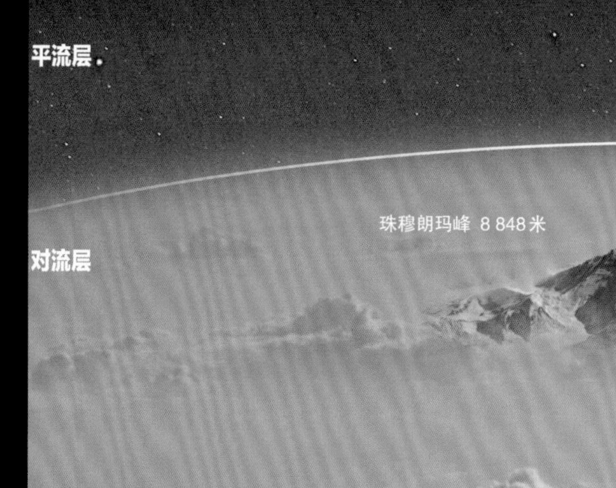

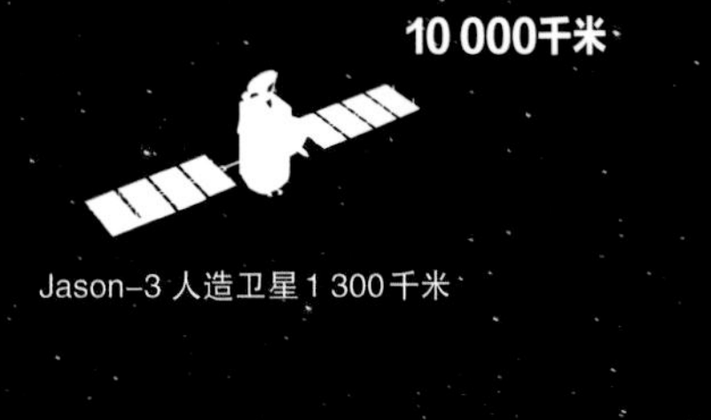

700千米

北极光

80千米

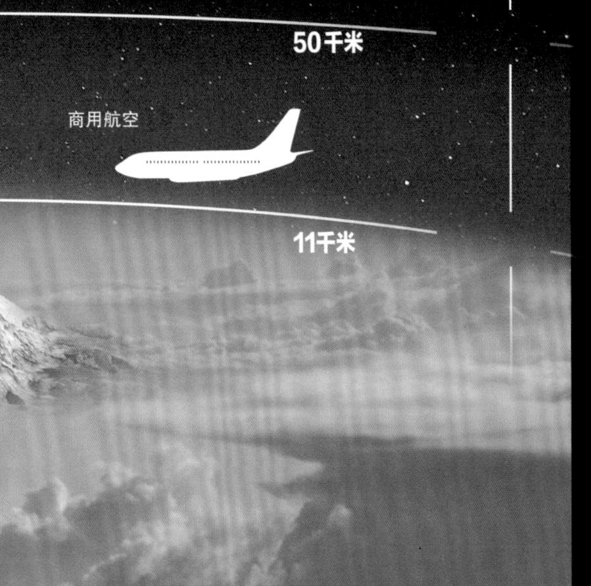

极光

太阳耀斑爆发时，从日冕上被抛射的离子和电子也会照亮我们的大气层：当它们撞击大气层时，极光现象就出现了。这些光只出现在地球两极附近，因此你必须旅行到那儿才能看到，比如去拉普兰①或冰岛。到那个时候，我们能欣赏到壮观的一幕：天空中仿佛出现了一块巨大的绿色帐幔，随风摇曳起伏。在法国所处的纬度上，极光极为罕见，在法国北部的地平线上，我们仅能观察到隐约的红光。这些绿色和红色的光与大气中氧分子的荧光现象有关。

追踪极光活动

我们可以通过访问网站 www.spaceweather.com 追踪极光活动，查询极光可能发生的时间。下方是从该网站截取的两张图，它们表明在2018年7月8日北极圈的极光活动趋缓……我们还可以从中发现，每年的这个时候，两极之中只有南极圈才有黑夜！

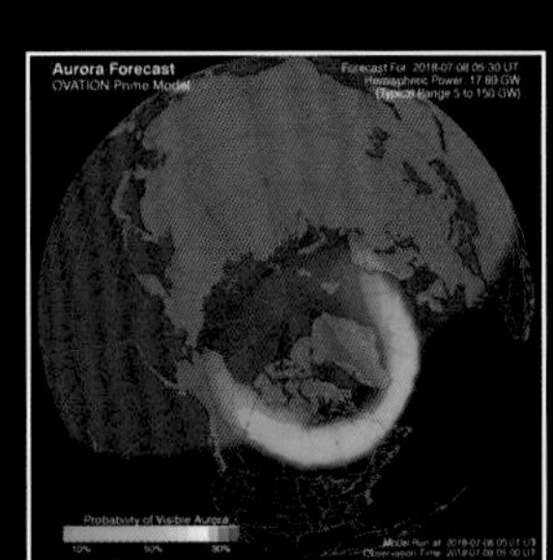

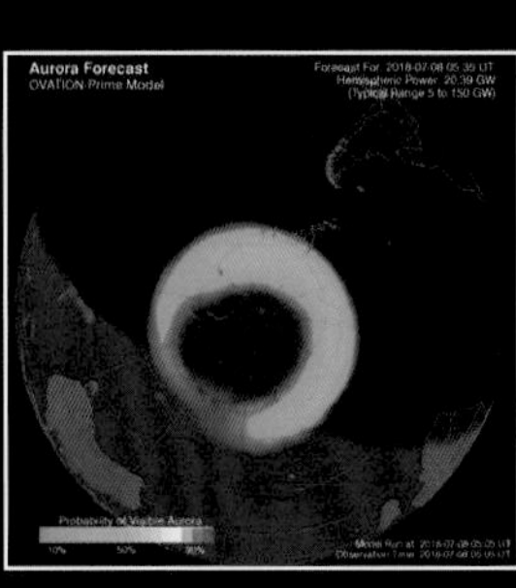

① 欧洲的北极地区，位于挪威、瑞典和芬兰的北部。根据民间传说，拉普兰是圣诞老人的居住地。——译者注

太阳——我们的恒星

对银河系来说，太阳不过是数千亿颗恒星中普通的一员。但是对处在环日轨道中的我们来说，这颗恒星却是独一无二的。

一台巨大的核反应堆……

太阳的核心是一台强大的热核机器，每秒钟将7亿吨氢转化成6.95亿吨氦。这里的差值是怎么回事呢？原来这被消耗掉的500万吨质量被转化成了光，这些粒子被称为光子。光子在给我们带来光明和温暖之前，要用将近20万年的时间才能穿过太阳的内部到达其表面。

在右图中，呈阶梯状的太阳剖面和由索贺号太阳探测器观察到的日冕相互重叠。探测器使用一块圆盘挡板遮盖住了光线过于强烈的区域

……终有一天会停下来

太阳中的氢储量还够用大约50亿年。在那之后，我们的恒星将变成一颗红巨星，它的核心收缩，开始新的核反应，效能下降但用时也更短。届时，太阳将膨胀到金星环日轨道上，它释放的热量将令地球上所有的生命荡然无存：而它自己也已是强弩之末，能量行将耗尽。

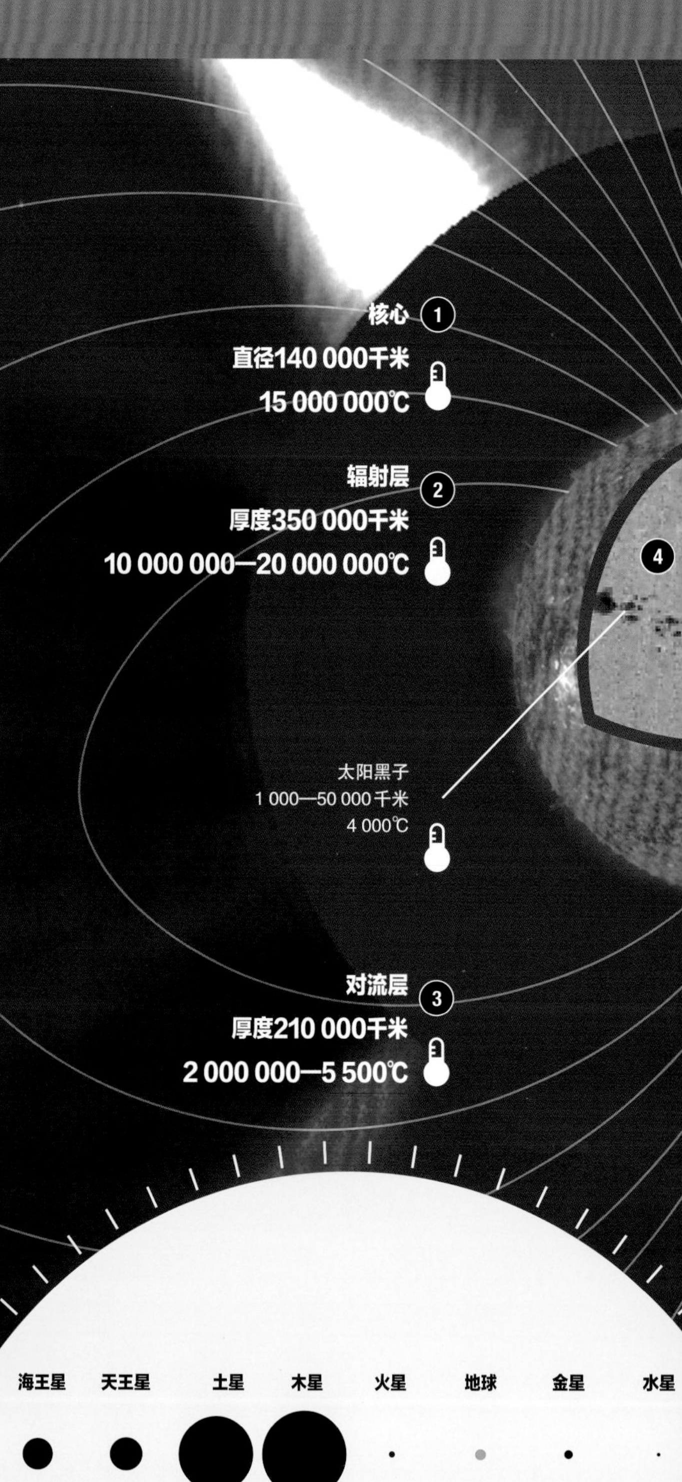

磁场法则

太阳磁场诞生于表层以下的对流层，其原理与自行车的电瓶类似。太阳磁场的密度是地球磁场的数千倍，它勾勒出了太阳的轮廓，由此导致了太阳黑子的出现，美丽的日珥和日冕上的一缕缕的“纤维”也是这样产生的。这还没完，太阳就像一块拥有南北两极的磁石，但它的两极每隔11年就颠倒一次。每逢此时，太阳黑子的数量和它喷发的次数飞速上升：这是太阳活动的顶峰时期。这颗恒星释放出大量粒子束，引发了壮美的极光现象（见第79页），但也会给人造卫星和通信系统带来危害……下次太阳活动的顶峰预计在2024年左右。

根据距离的远近，温度分别与该区域离太阳中心最近和最远的部分对应

Q&A 氦——宇宙中第二丰富的元素，通过一项在天文学中广泛应用的技术被发现存在于太阳中，这项技术是什么？

1868年，法国天文学家让森首次用光谱学观测到了太阳中的氦，它的名字来自希腊语*Helios*，意为太阳。氦在地球上被发现——含量极少——是十多年以后的事了。

通过观“食”专用眼镜（可以在市面上以低廉的价格买到）观察，太阳圆面看起来与月亮一样大。当你看到一个黄色发光的大圆球时，你就能感受到太阳离我们是多么的近。

不适合用来观察太阳，因为在每个镜头上装滤镜是很麻烦的事情。

L60

可以观察到太阳圆面的边缘明显变暗，还可以观察到太阳黑子的位置和形状在几天内发生的变化。

T115

可以观察到太阳圆面边缘明亮的光斑，可以分辨出太阳黑子的本影和半影，还可以隐约观察到太阳表面的米粒组织。

T200

可以观察到太阳黑子半影的纤维结构和放大后的太阳米粒组织（大气湍流较弱时）。

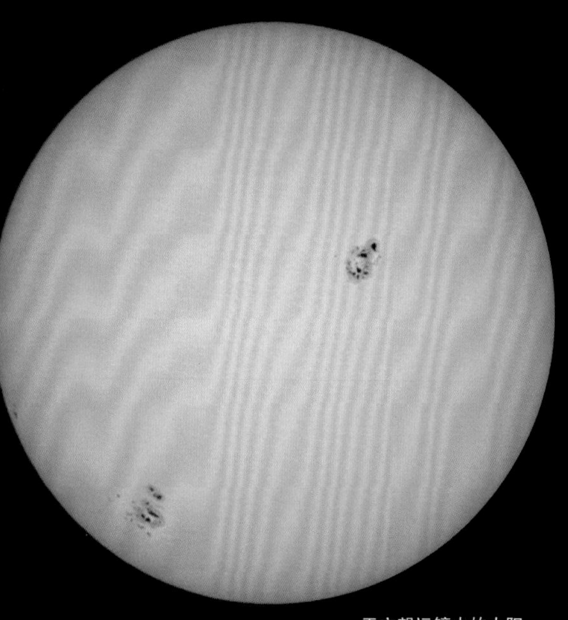

天文望远镜中的太阳

何时观测

3月—9月
（当太阳位于天空中较高的位置时）

何地观测

太阳黑子

太阳黑子是指太阳磁场将气体困在太阳表面形成的区域，这些区域的温度比表面其他部分的温度低1 500多摄氏度。这一温差足以让黑子中心（本影）与其周围的灰色圆圈（半影）相比看起来更黑。太阳黑子看起来经常处于变化之中。一方面，黑子从出现、变形到消失，一般只需要几天的时间；另一方面，太阳的自转使它无可避免地自东向西移动。太阳活动的顶峰时期可以看到很多黑子；而在太阳活动的低谷时期，黑子在太阳表面几乎踪迹全无。

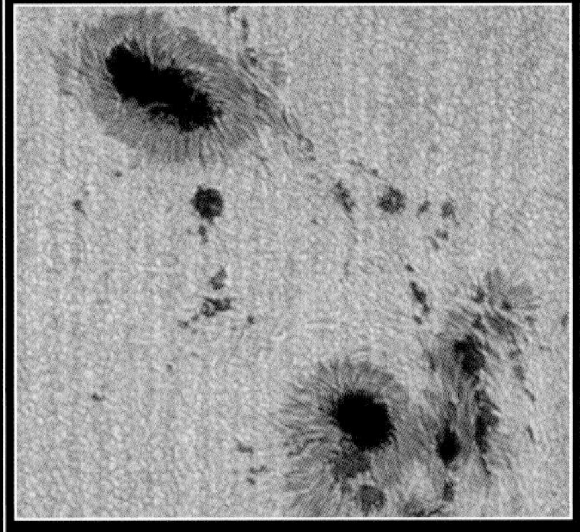

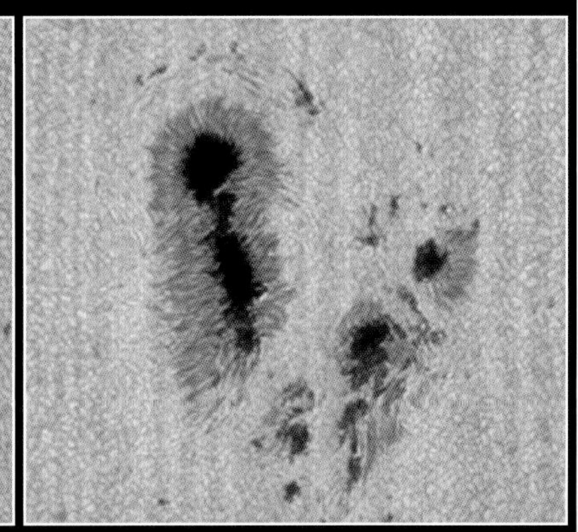

上方的两张图片展示了太阳黑子在2天内发生的变化

如何看到太阳的“火焰”

在望远镜上安装H-α 滤镜，可以观察到太阳大气层底部的色球层。太阳周围由气体喷发形成的日珥极易分辨，它们一会儿形成壮观的圆环，一会儿又像喷枪喷出的火焰。它们之中最安静的可以一连几天原地不动，而最活跃的不到几小时就跑掉了。它们处于太阳圆面之前时，像极了中国传统水墨画中的墨迹。

肉眼中的太阳

放大率

最大 ×2

强 ×1

中 ×1/2

弱 ×1/4

滤镜

必须使用太阳滤镜

放大月球

如今，月球在太空中似乎显得很平静，不过它却拥有一段难以置信的暴力往事，碰撞是这段时期的关键词。接二连三的碰撞造就了月球，并将其打造了成了现在的模样。

诞生于与地球的一次碰撞……

月球于45.3亿年前形成，比地球的诞生稍晚一点。当时，尚还灼热的地球与一个只有它的一半大、名叫忒伊亚的物体相撞导致了月球的诞生。猛烈的碰撞导致两颗天体的碎片扩散到宇宙中，尔后这些碎片又结合在一起，形成了我们的天然卫星。

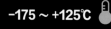

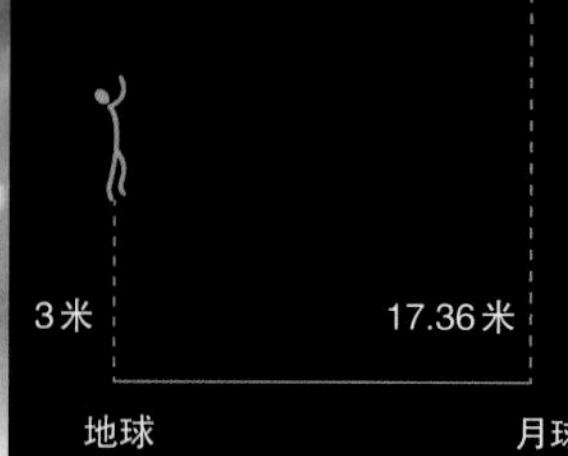

地质构造

铁质固态核心

部分熔化的外核

岩石圈

月壳

月球上的1天和1年

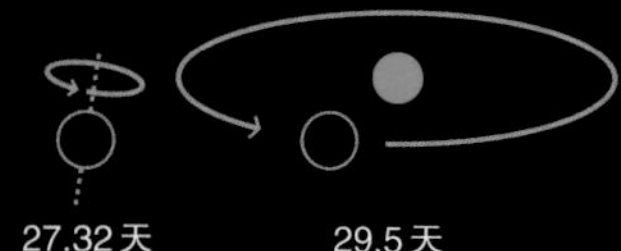

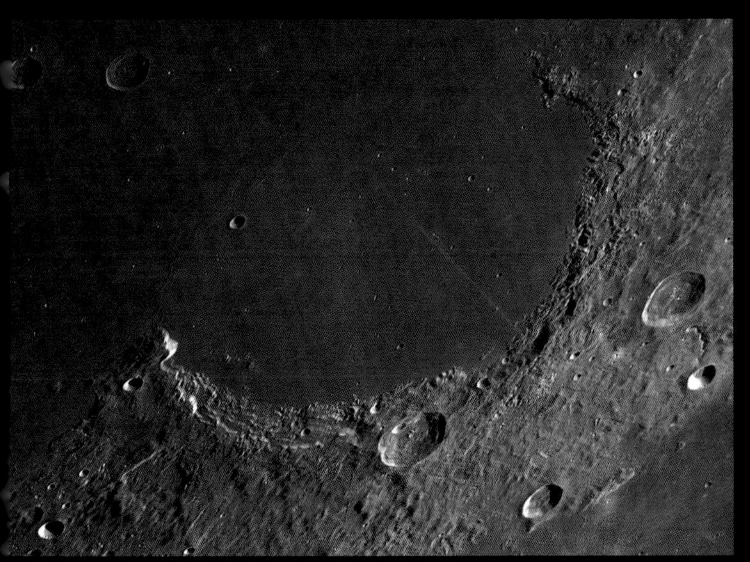

……被小行星塑造成今天的模样

在痛苦中诞生6亿年之后，尚还年轻的月球又遭到了好几颗小行星的撞击。它的表面出现了巨大的盆地，导致其面目变形。没过多久，一颗直径超过100千米的小行星撞击了月球，导致了一次大出血：月壳内部150千米深处的熔岩上升到了月球表面，灌满了大盆地。熔岩凝固后，月海诞生了。

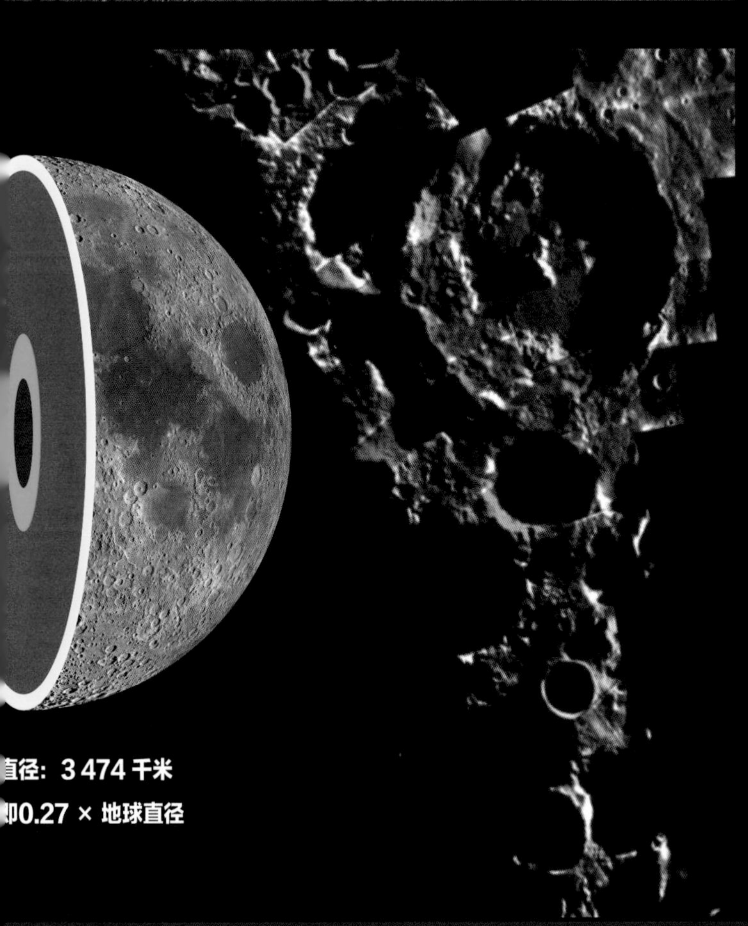

直径：3 474 千米

即0.27 × 地球直径

……并且布满了环形山

月球上大多数环形山于30多亿年前形成，那时太阳系还充斥着巨大的天体碎片。由于缺少能使陨石运动速度减缓的大气层，每块击中月球的陨石都能在月球表面形成一个直径是其本身20—50倍的陨石坑。最壮观的陨石坑直径长达100多千米。不管是在地球上还是在月球上，巨大陨石的坠落已经极为罕见。最大环形山的头衔理所当然属于年轻的乔尔丹诺·布鲁诺[1]。这座隐藏在月之暗面的大环形山直径为22千米，它的年龄可能只有希克苏鲁伯撞击地球距今的十分之一。希克苏鲁伯在6 500万年前撞击了地球，造成了恐龙和地球上75%的生物的大灭绝。

① 乔尔丹诺·布鲁诺（Giordano Bruno，1548—1600）是文艺复兴时期意大利思想家、自然科学家。他勇敢地捍卫和发展了哥白尼的太阳中心说，并把它传遍欧洲，被世人誉为反教会、反经院哲学的无畏战士。——译者注

Q&A 数亿年过去了，月球上的火山活动早已销声匿迹，它真的是一颗死亡星球了吗？

并不尽然，月球的冷却尚未完成。这种现象还能使其轻微收缩，造成一次地质构造上的小小变动。

月相、灰白色的光、月海（见第二章）。

月海、明暗界限处的大环形山和山脉、虹湾，满月时可观察到射纹（第谷环形山、普罗克洛斯陨石坑）。

L60

无数环形山、断崖和泥石流（直墙、希吉努斯、阿尔卑斯峡谷）、明暗界限处月海中的褶皱。

T115

环形山的中部山峰（第谷环形山、哥白尼、泰奥菲勒）、无数的断层（特里斯纳凯尔、柯西）、月球火山（阿拉戈、马吕斯）。

T200

众多环形山内的断层网（伽桑狄、波西）、冲击坑（线性的）、明暗界限处几分钟的日出。

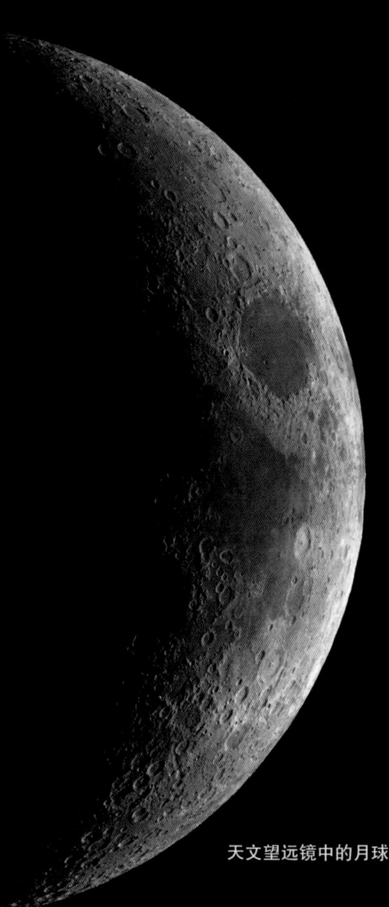

天文望远镜中的月球

全年
春季上弦月高挂时
秋季下弦月高挂时

环形山的能见度

由于我们只能观察到月球的亮面，环形山和其他月表地形的能见度主要取决于它们投射在月表上的阴影。在月球的白天和黑夜相交之时，这些阴影在明暗界限处达到最大。环形山看起来最清晰时离这条界限不远，那时它正好被斜射的日光照亮。临近满月时，随着太阳光的斜射，阴影和起伏的地形都消失了。壮丽的环形山的内壁有几千米高，可以在数日内投射出美丽的阴影。但是，像死火山那样起伏不大的地形或起伏稍大一点的月海里的褶皱，在太阳升起后几小时内就无影无踪了。

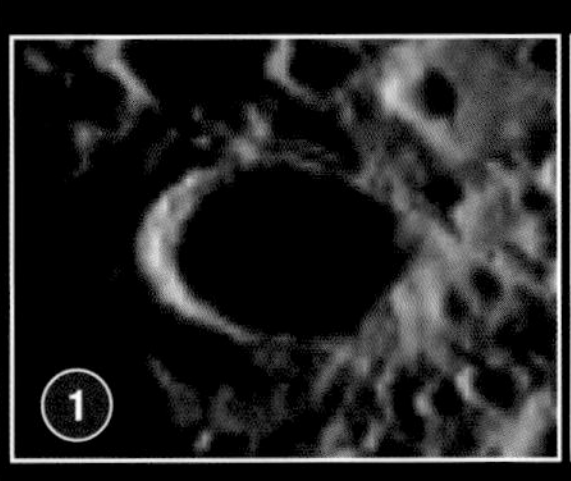

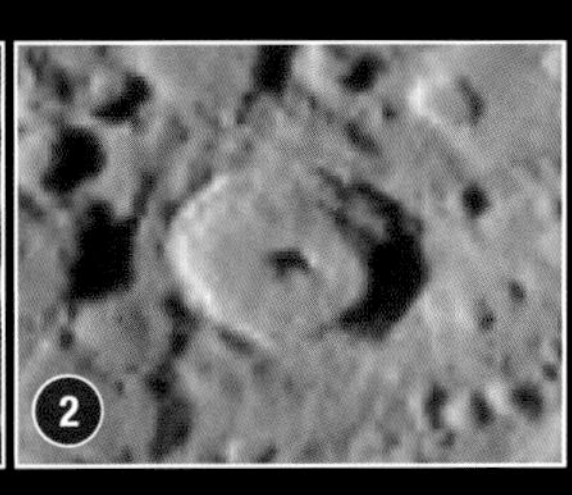

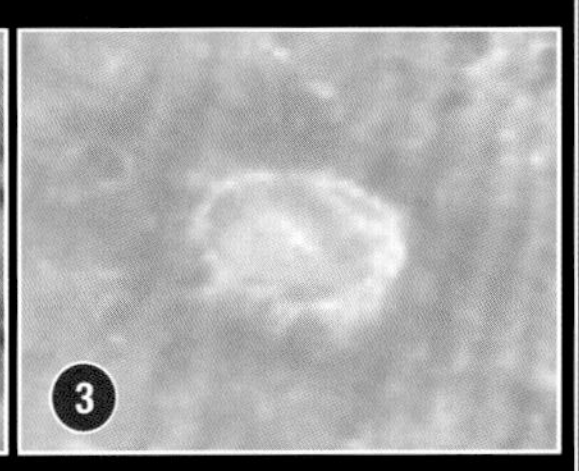

①位于明暗界限处：看不到第谷环形山的内部 ②离明暗界限处不远：视野最佳（地面与中间的高点十分清晰）③远离明暗界限处：不能观察到起伏，但可观察到射纹

射纹

小行星撞击月球时形成了环形山。由于月球引力微弱，撞击产生的岩石粉尘会落在距离撞击坑很远的地方。满月时，这些粉尘的投影出现在最年轻的环形山周围，比如第谷环形山（形成于1.09亿年前），人们称其为射纹。这些发光的条纹是月球土壤尚“新鲜”时色调清澈明亮的有力证据……它们同时也揭示出，月球表面的其他部分（看起来较暗的地方）在不断失去光泽，而这主要是因为太阳辐射。何时才能够发射一个清扫机器人擦亮月球，让其重新恢复往日的光彩呢？

双筒望远镜中观察到的灰白色的光

放大率

最大	× 2
强	× 1
中	× 1/2
弱	× 1/4

滤镜

食　这种美丽的天文景观向我们展示了我们最为熟悉的三颗星球——太阳、月球和我们脚下的地球，是如何在太中玩捉迷藏的。

日食

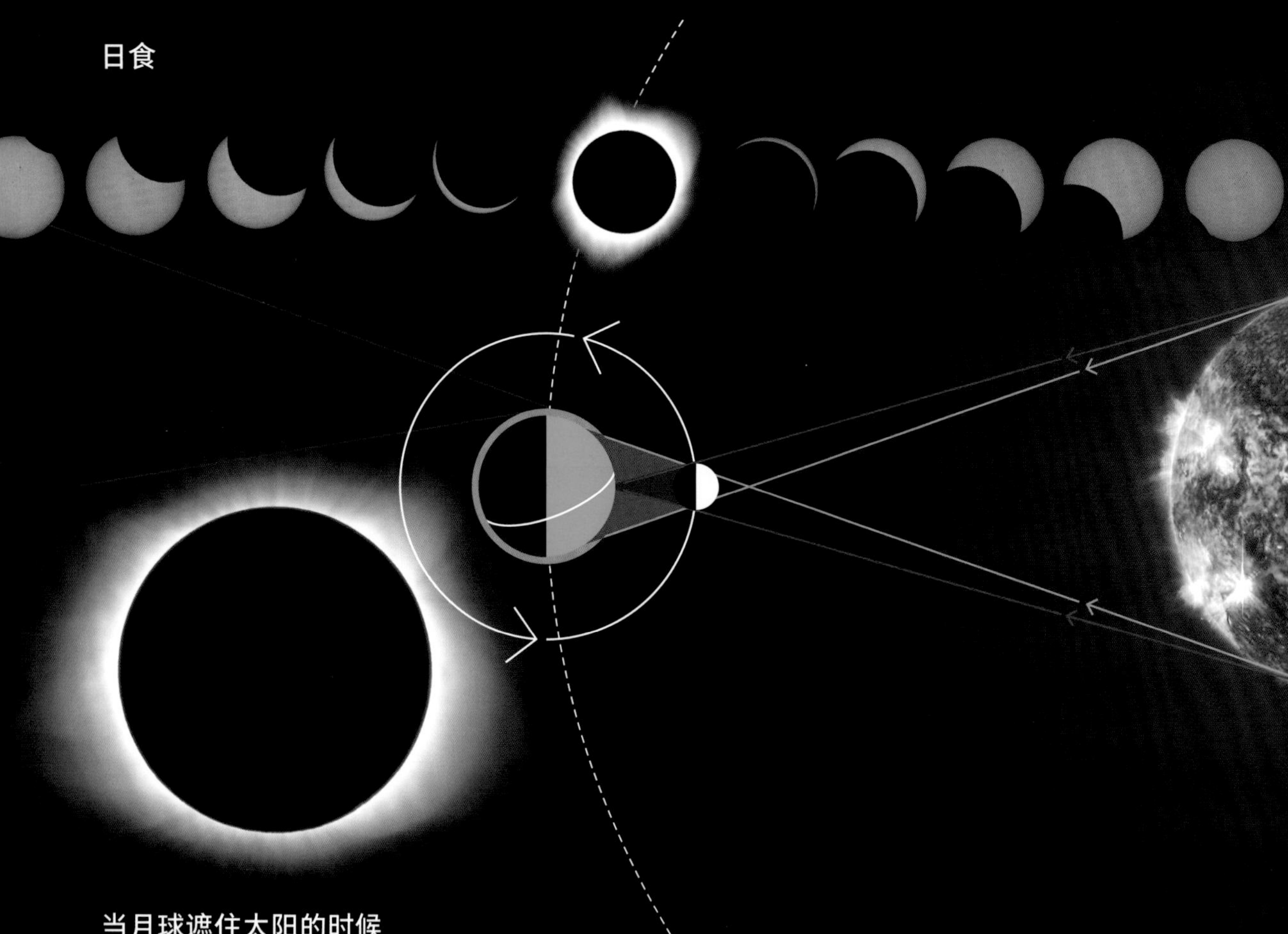

当月球遮住太阳的时候

太阳到月球的距离是太阳到地球距离的400倍，太阳的大小又恰好为月球的400倍，这一有趣的巧合使日食成为了可能，因为月球和太阳在地球的天空中看起来差不多大。事实上，当月球恰好位于地球和太阳之间时，它能在几分钟之内遮住太阳的表面。如果是日全食，我们只能观察到日冕。这一罕见又壮观的场景仅持续几分钟，而且仅能在地球表面非常狭窄的一条区域里看到，即所谓的全食带。欣赏日全食不需要滤镜，用肉眼、双筒望远镜或天文望远镜都可以观察。

日期	地点
2019年7月2日	阿根廷、智利
2020年12月14日	阿根廷、智利
2021年12月4日	南极洲
2024年4月8日	美国、墨西哥

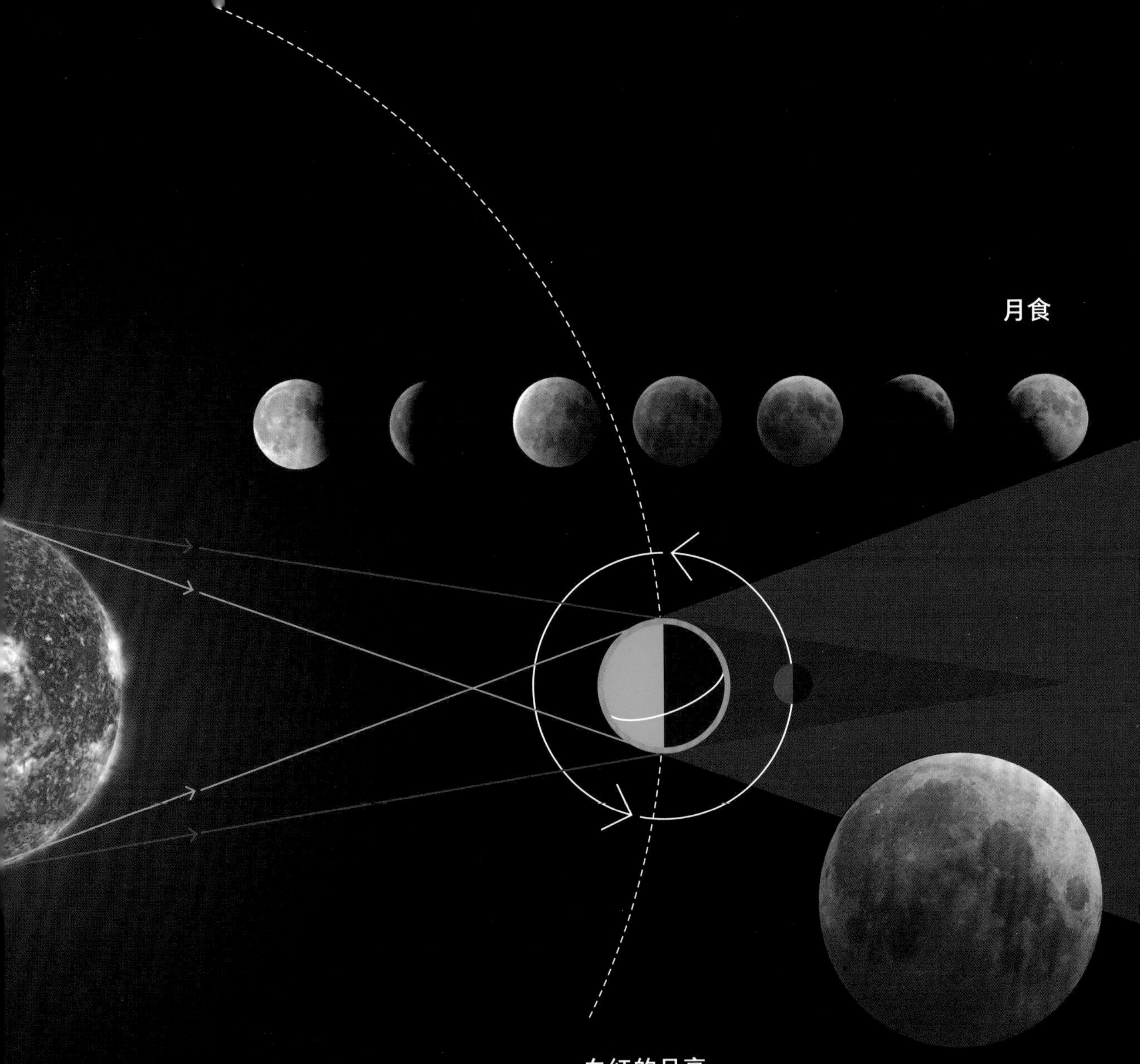

血红的月亮

当地球遮挡住反射到月球上的全部太阳光时，月全食就发生了。尽管接收不到直射的阳光，月球并不会完全消失，因为地球大气发出的密集的红光会将其照亮。一次月全食可以持续近两小时，在这段时间内月球在地球圆形的阴影中运动。我们可以用肉眼、双筒望远镜或天文望远镜在地球表面任何可以看到月球的地方欣赏月全食。

日期	地点
2019年1月21日	欧洲、美洲、非洲
2021年5月26日	美洲、澳洲、太平洋
2022年5月16日	欧洲、美洲、非洲
2022年11月8日	亚洲、澳洲、太平洋

水星，在太阳的火焰下

水星保持着两项纪录：首先，它是太阳系中最小的行星——甚至比木星和土星的某些卫星还小，另一项纪录则是，它是离太阳最近的行星。

一颗被烧毁的行星……

体积最小和距离太阳最近的直接后果就是，水星没有大气层。缺少了这一保护层，水星表面承受着极端的温度变化，其荒芜的地表与月球相似。水星在40亿年前冷却的时候，可能收缩了近14千米：这一极端现象导致水星上形成了数不清的山丘。

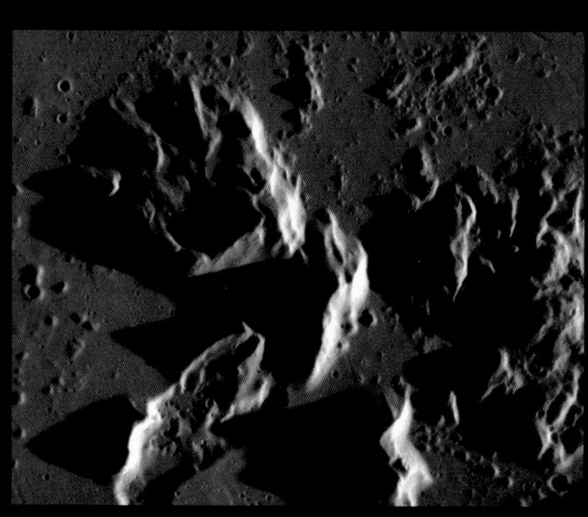

……但是它的两极存在冰凌

在2011和2015年之间拍摄了水星的信使号探测器在水星两极探测到了大量结冰的水。在这些从未接收到阳光的地区，温度常年保持在-220℃左右。和地球上一样，这些水可能是彗星和小行星带过去的。

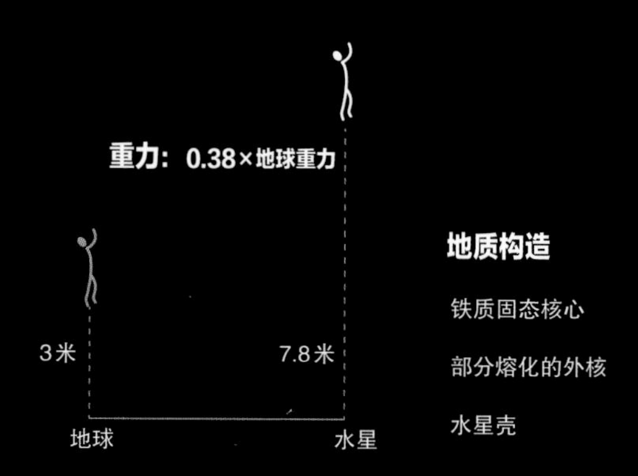

地质构造

铁质固态核心

部分熔化的外核

水星壳

水星上的1天和1年

58.65天

87.97天

-170～+430℃

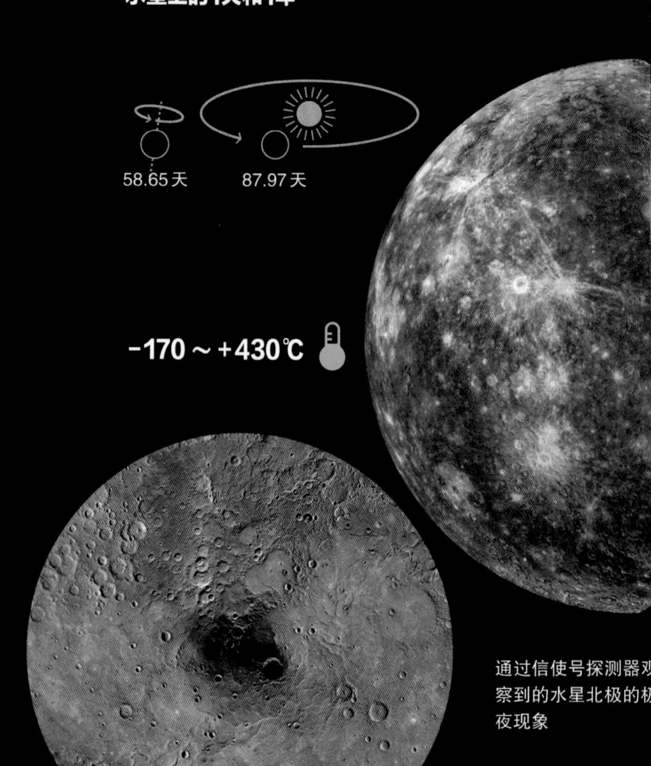

通过信使号探测器观察到的水星北极的极夜现象

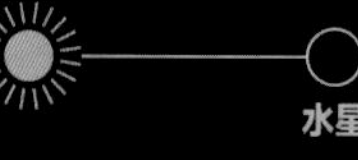

水星 金星 地球 火星 木星 土星 天王星 海王星

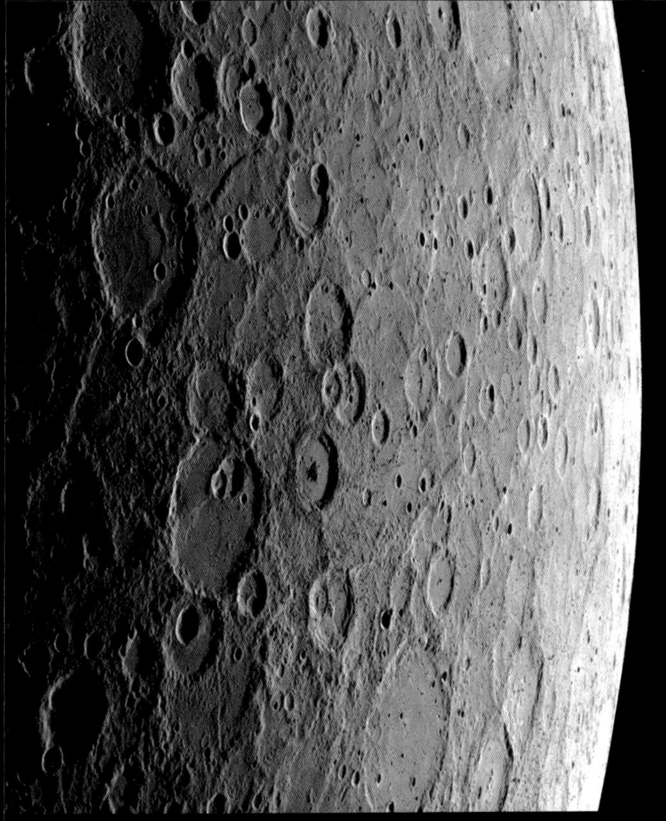

数百个陨石坑

水星的表面布满了数百个大大小小的陨石坑。最大的是卡洛里盆地，直径达1 500千米。近距离观察，水星陨石坑的内侧不像月球环形山那样好看。由于这颗小小行星的重力是月球的2.5倍，被溅起的灰尘没法飞得太远。此外，这些陨石坑被一种奇怪的腐蚀现象逐渐蚕食，引发了几十米深的塌方。不得不说，在足以将铅熔化的温度的烘烤下，水星表面受到了极大的考验！

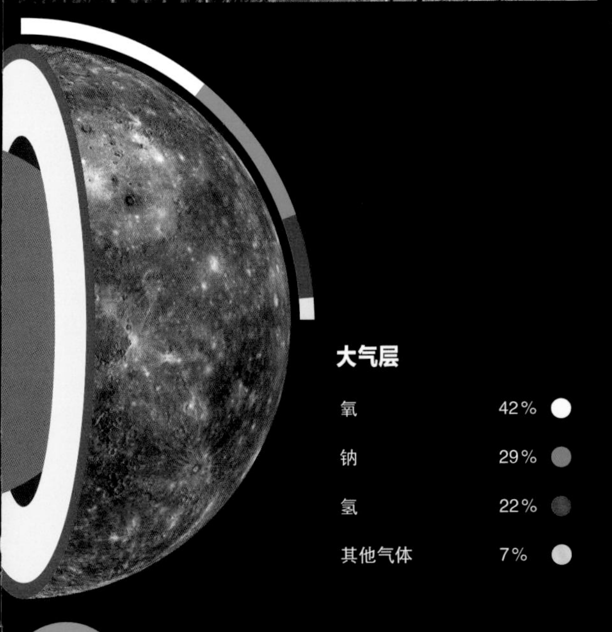

直径：4 879 千米
比月球直径略大一些

为什么内核如此巨大

如果比较各行星的内核占总体积的比例，水星为太阳系之最。水星内核的主要成分是占水星总质量40%的铁，在地球上铁只占17%，因此水星的别名是“金属行星”。为什么它的内核如此巨大？天文学家们还没有找到答案，但是他们非常希望发射到水星的Beppi-Colombo号探测器进行两次探测后能揭晓谜底，这个探测器计划在2025年左右抵达水星。

Q&A 在水星的天空中，太阳在一天之内的运行轨迹是什么样的？

太阳升起后一直爬升到南部……然后往回运动，它可以在一天之内升起、落下数次。这些现象与水星上一天和一年的时长，以及它椭圆形的环日轨道有关。

远看

如果大气纯净且距角达到最大时，我们可以在日出前或日落后约45分钟内观察到一个小小的金色圆点。
注意：星等变化迅速（-1.5—+2.5）。

比用肉眼观察更明亮，但看不到更多的细节。

L60

水星相位：上弦和下弦时特别容易观测（分别对应距角最大时）。

T115

大气湍流较弱时可观察到水星的全部相位，即使在白天也有可能观察到水星。

T200

当各项条件极佳时，可以观察到水星表面反照率细微的差别。

天文望远镜中的水星

何时观测

2019年：2月27日（昏）8月9日（晨）
2020年：2月10日（昏）11月10日（晨）
2021年：5月17日（昏）10月25日（晨）
2022年：4月29日（昏）10月8日（晨）
2023年：4月11日（昏）9月22日（晨）

何地观测

地表阴影区

人们最早在19世纪末观测到水星表面的阴影。法国天文学家欧仁·安多尼亚狄当时注意到，在某些特殊情况下，星球表面的亮度会有区别。这些阴影反映出土壤反射角度的不同，尤其和在火星上一样。要想区分它们，你至少需要一台放大率为200×、配备红色滤镜的200毫米天文望远镜。尤其在借助红外滤镜时，天文摄影家们可以拍摄到它们。

水星凌日

水星在我们和太阳之间运行时，总是高于或低于太阳。然而，在某些罕见的情况下，三者完美地处在同一条直线上：此时可看到这颗小行星在巨大的太阳前面经过。这一过程使我们得以实时观察到这颗公转速度最快的行星的运动，感受到它与我们之间遥远的距离。小小的水星用配备太阳滤镜的60毫米天文望远镜就可以辨认出来。2019年11月11日，水星从太阳面前经过，可下次看到就要等到2032年了！

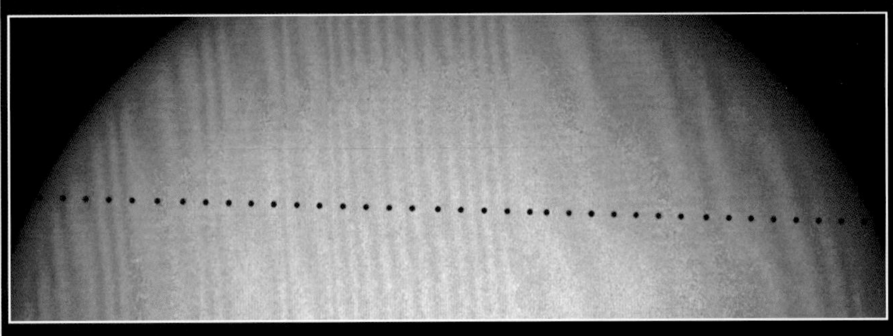

水星从太阳前面经过可持续7个小时

肉眼中的水星（上）与金星（下）相伴

放大率

最大 ×2

强 ×1

中 ×1/2

弱 ×1/4

滤镜

红色

金星——一个大火炉

由于金星离地球比较近，再加上它和地球的种种相似性，人们称其为地球的双胞胎。但是，在对它进行了深入了解之后，我们会发现，地球离天堂有多近，金星就离地狱有多近。

令人窒息的大气……

在爱神的名字背后隐藏着一颗非常不好客的行星。金星大气层中的二氧化碳已接近饱和，让我们根本无法呼吸。更糟糕的是，金星的大气层不是由水汽，而是由细小的硫酸滴组成。金星表面的大气压力大约是地球的100倍，可将任何航天器碾得粉碎。地狱般的温室效应不分昼夜地将整个金星完全包裹起来，使它的温度达到太阳系最高。

重力：0.9×地球重力

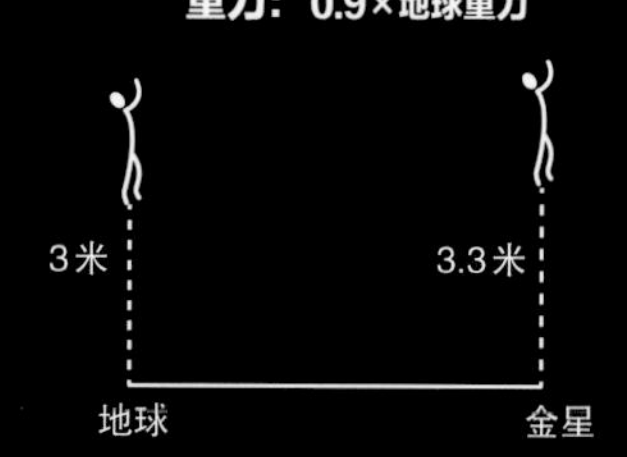

风速：100米/秒

大气层

二氧化碳	96%
氮	3%
其他气体	1%
硫酸云	

金星上的1天和1年

……和数以千计的火山

如果克服了一切困难登上金星，我们会看到一望无际的壮丽的火山景象。这种现象在太阳系内出现的时间比较晚，可能在大约5亿年前才开始，并且在某些地方依然活跃：千万不要把脚放到岩浆里面去哟！

麦哲伦探测器的雷达拍摄的金星火山的照片

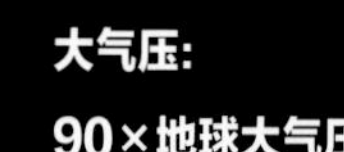

大气压：

90×地球大气压

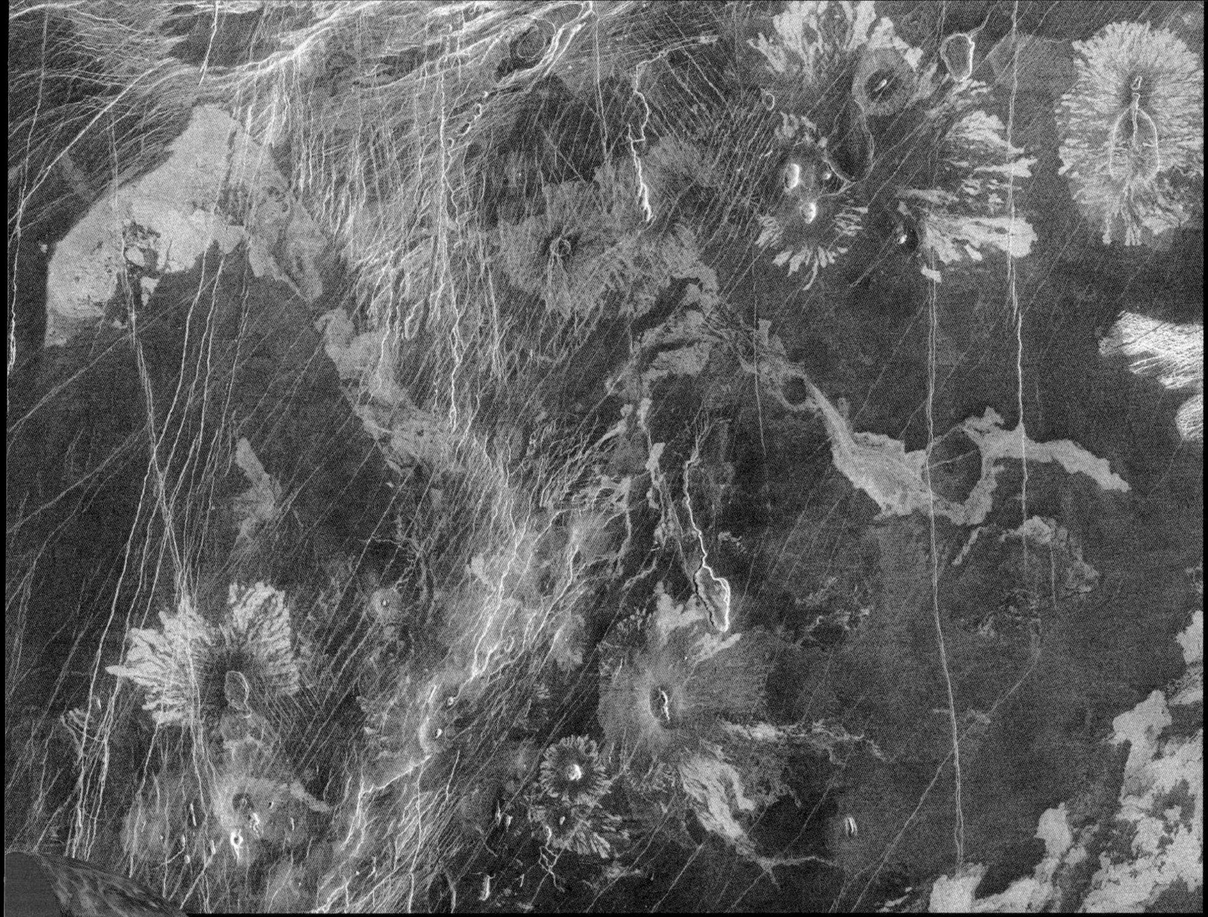

地表隆起的明亮条纹是金星火山活动最令人惊叹的后果之一

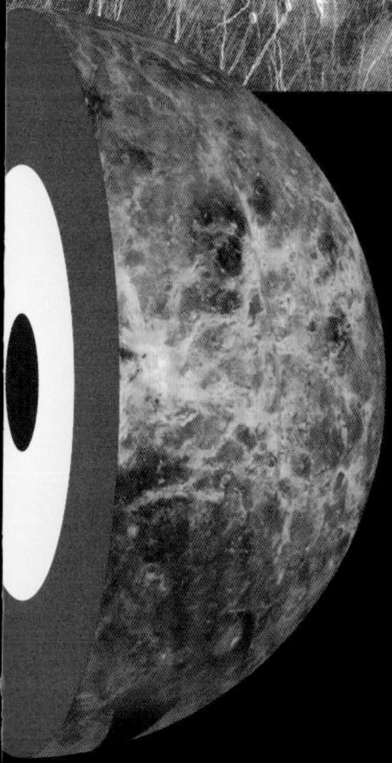

+465℃

地质构造

铁质固态核心

部分熔化的外核

金星壳

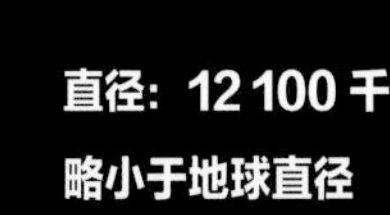

直径：12 100 千米

略小于地球直径

双速自转

金星的地表和大气层的转动相互之间完全独立。当金星极为缓慢地自转时，其大气层却以比它本身快60倍的速度转动，每4天就可绕金星一圈！而且它们是顺时针转动（反向转动），与大多数行星相反。这些特性的成因尚不太清楚：也许是过去的某次撞击减缓并颠倒了金星的转动，或者是与极为黏稠的大气层有关的潮汐效应。不管怎么说，只要想象一下金星的云层每天围着这颗行星绕30圈，就能令人头晕目眩！

Q&A 1761年，人们发现了金星的大气层，你知道发现它的时机吗？

金星大气层是金星在太阳前面经过时被发现的：它看上去像紧贴着太阳边缘的光环，在这一现象（指金星凌日）的开始和结束时都是如此。

不恰当地被命名为“牧人之星”，金星是空中最耀眼的守时星。在清晨和黄昏的微光中，金星发出美丽的白光。

可用双筒望远镜很容易地观察到金星纤细的新月形。

L60

金星所有可见的相位。位于金星下方和上方的虹彩不一定是镜头的瑕疵导致的，有可能是因为金星离地平线较低。

T115

在大气湍流较弱的情况下，使用紫色滤镜可以观察到金星大气层中的云。

T200

和夏尔·布瓦耶在1957年的发现一样，使用紫外线滤镜可以观察到金星的大气层在4天里的运动轨迹。

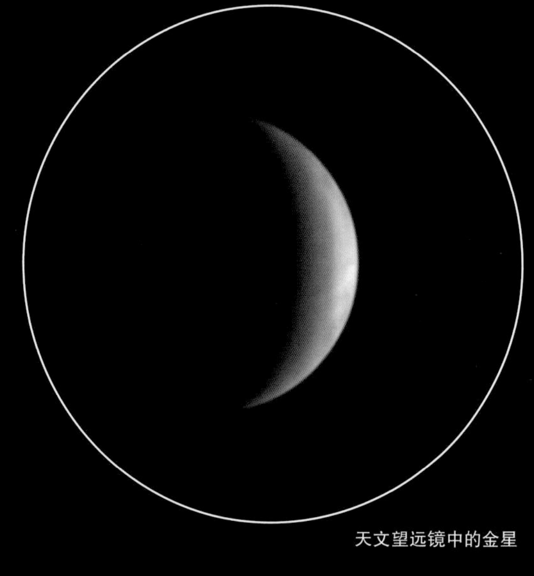

天文望远镜中的金星

何时观测

2019年：1月—4月（晨）

2020年：1月—4月（昏）和7月—10月（晨

2021年：8月—11月（昏）

2022年：2月—5月（晨）

2023年：4月—7月（昏）和9月—12月（晨

何地观测

金星的相位

金星的运行轨道位于太阳和地球之间，因此我们可以看到它被照亮的表面经常在变化——这就是金星相位变化的由来。1610年，伽利略用他的望远镜发现了这一现象，这成为了日心说有力的证据。由于金星到地球的距离变化很大，这颗行星外观的大小随着其相位的变化而变化。当金星冲日时，它看起来几乎是圆形，它的直径也不大；当金星靠近地球时，它逐渐呈椭圆形，在最大距角时它的形状看起来像椭圆的一部分。金星最终变成弯月状，变得越来越长、越来越细，当它从地球和太阳之间通过时，就变得无影无踪。

伽利略观察并绘制的金星的所有相位

白天的金星

你知道吗？当天空纯净时，我们完全可以在大白天用肉眼看到金星。关键是如何找到它，因为它就像草堆中的一根针一样藏在蓝天里。当金星合月时，以新月为参照物去碰碰运气吧！

肉眼观察到的金星合月

放大率

最大 × 2

强 × 1

中 × 1/2

弱 × 1/4

火星——生锈的行星

红色星球一直令我们想入非非：对于罗马人来说，它是令人胆战心惊战神；对上个世纪的人而言，上面则住满了小绿人；而对于我们来说，它是我们今后要征服的新世界。

水蒸气……

火星的大气层中含有水蒸气。尽管水蒸气的含量比地球上小，但足以让富含铁的火星表面生锈：铁的氧化物赋予了火星火红的外表。在冬季，水蒸气可凝结成雾状，像一条巨大的围巾将两极包裹起来。

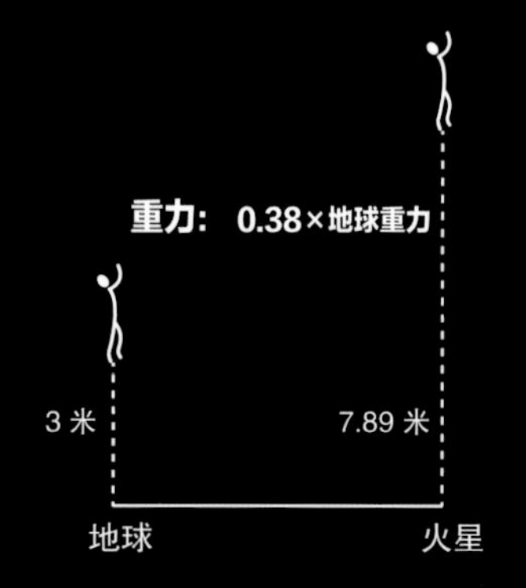

大气层

二氧化碳	95%
氮	3%
氩	1.5%
其他气体	0.5%

好奇号火星车拍摄的全景图展示了雾气的扩散

……和冰凌

在火星上，水主要以冰的形式存在于地表和两极冰盖里，被干冰覆盖的两极冰盖随着季节的变化扩大和缩小。火星上的季节比地球上的时长要多出两倍。但是还有一个问题，液态水到哪去了呢？它们有时候依然以液态盐水的状态沿着大峡谷的某些地段悄然流淌，最终化为水蒸气。水的存在是否足够允许生命存在呢？

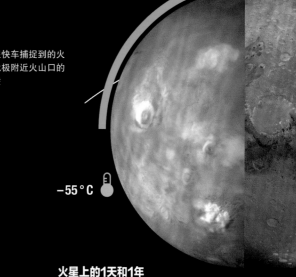

火星快车捕捉到的火星北极附近火山口的冰凌

−55 °C

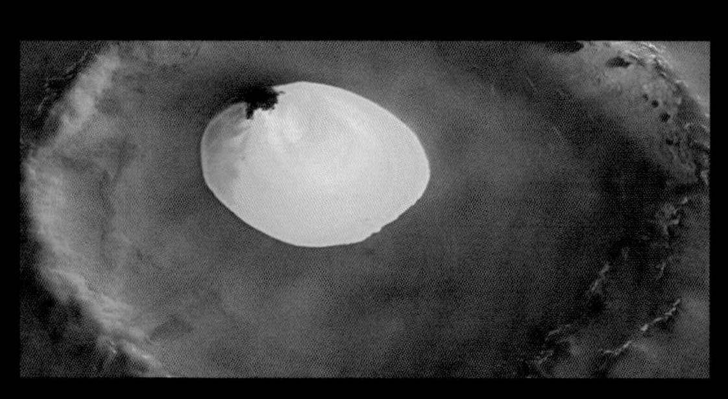

火星上的1天和1年

大气压：

0.006×地球大气压

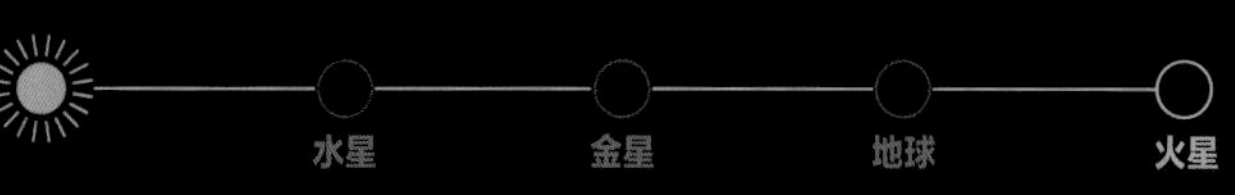

2018年5月，好奇号火星车在肆虐的沙尘暴中的自拍照

探索火星

因为火星离我们比较近，因为水曾经流经它的表面，它成为了航天活动钟爱的目的地：从20世纪60年代起，有40多个各式各样的机器人被发射到这颗红色星球！下一批探测器（比如ExoMars或Mars2020）将专注于寻找生命的痕迹并采集样品带回地球。与此同时，男男女女一连数月被关闭在密封舱内模拟火星旅行……在不远的将来，科幻小说里的火星旅行将成为现实。

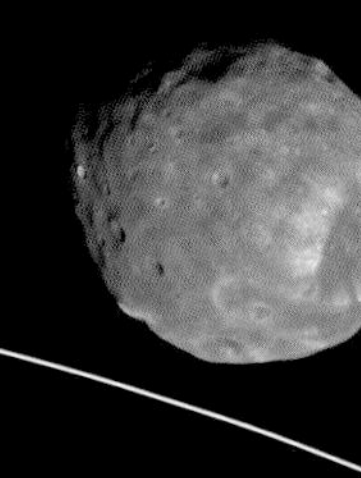

火卫一曾是一颗年迈的直径达20多千米的小行星

火卫一

火卫二

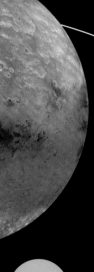

地质构造

- 固态核心
- 由铁与硫组成的液态外核
- 地幔
- 地表

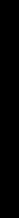

直径：6 794千米

比0.5个地球稍大一些

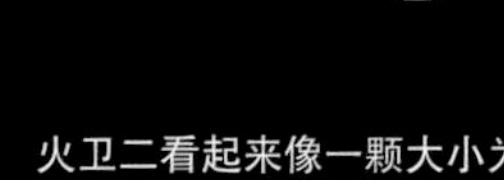

火卫二看起来像一颗大小为15×12×10千米的花生

Q&A 火星拥有好几座巨大的火山，其中，太阳系的最高峰奥林帕斯山有多高？

奥林帕斯山海拔高达27千米，直径超过了500千米。地球上的山峰不可能达到这一高度，因为地球上的重力更大。

明亮的橙色（古代人眼中的战争之星），当火星冲日时，可以观察到明显的位移（逆行现象）。

用双筒望远镜观察不会比用肉眼观察更清晰。

L60

橙色的土壤和大块淡褐色区域（大瑟提斯高原、阿基达利亚海区、辛梅利亚海区）、白色的极地冰盖。

T115

小的组合（如子午线湾、太阳湖、希腊平原）、火星一夜的转动、极地冰盖数周之间的变化。

T200

科普来特斯峡谷（火星峡谷）、云层下的火山、气象变化（沙尘暴、刻度盘和平原里的雾或云）、冰盖的裂纹。

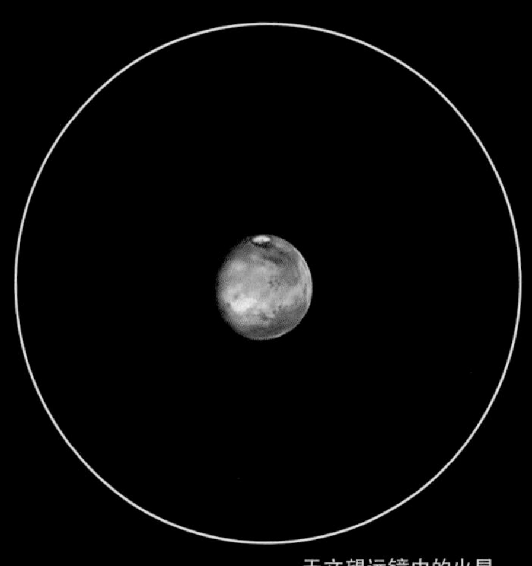

天文望远镜中的火星

何时观测

2019年：没有火星冲日现象
2020年：9月—12月
2021年：没有火星冲日现象
2022年：11月—12月
2023年：1月—2月

何地观测

火星冲日

火星每隔两年两个月运行到太阳的对面——即在天空中的位置与太阳相对。此时是用天文望远镜观察我们小邻居的理想时刻，因为此时也是火星离地球最近的时候。然而，火星极扁的轨道使得它的每一次冲日现象都有所不同。每当处于远日点时，由于离太阳很远，地球与火星之间的距离接近1亿千米；然而，当火星处于最佳位置（即近日点）时，这段距离也能够小于6 000万千米，比如2018年的火星大冲。

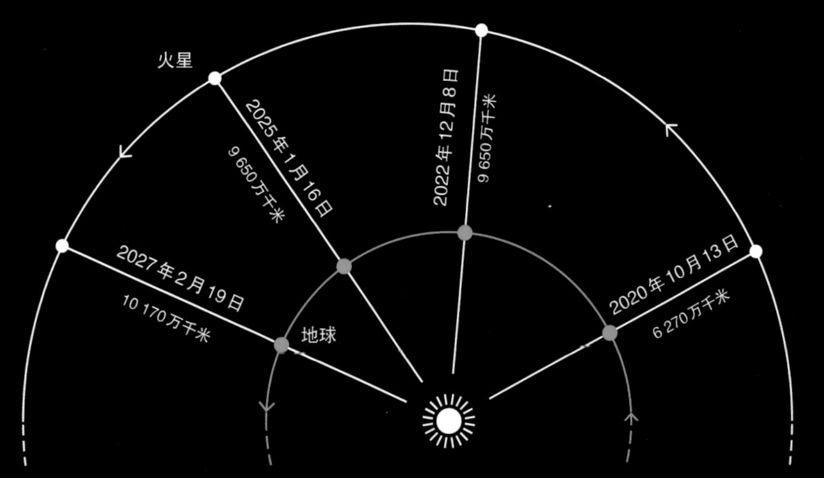

看火星自转

火星自转一周需要24小时37分钟，比地球略慢一点。火星的自转在火星冲日时仅有一晚可以观察到。要做到这一点，必须在刻度盘旁边找到一个参照物并隔约1小时观察一次：火星在这段时间里在轻微地转动。火星的转动随着时间的流逝也可看到，因为火星上同一点在第二晚经过子午线时要比第一晚迟40分钟。因此，我们可以在不超过1个月的时间内用非专业天文望远镜观测到火星的全部地表。

肉眼中位于天蝎座的土星和火星

放大率

最大 × 2

强 × 1

中 × 1/2

弱 × 1/4

木星——云雾的王国

木星是太阳系中最大的行星，也是最先在太阳周围成形的行星。可能是因为体形不那么丰满，否则木星也能成为一颗明亮的星星。

除了气体什么都有……

尽管木星被称为气体行星，可其大气层只有3 000千米厚。大气下面的氢气是液态的，当其下沉时，由于压力的不断增加，会逐渐变成固态。木星的固态核心一直在冷却。这样一来，这颗巨大的行星散发的能量比它从太阳中吸收的还要多。

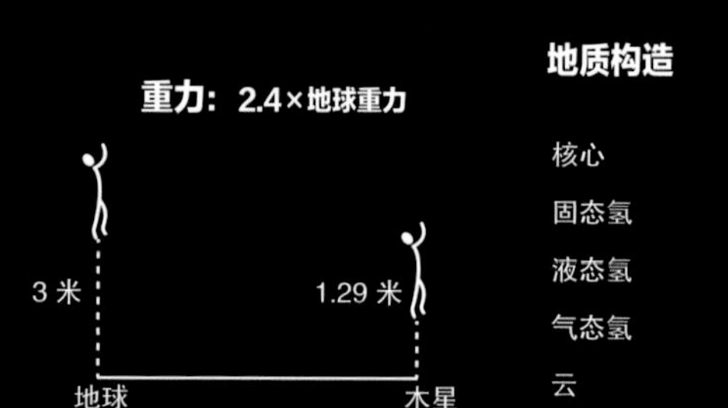

地质构造

核心

固态氢

液态氢

气态氢

云

……然而其大气层仍然令人生畏

木星的大气层尽管很薄，却依然是太阳系中最令人不可思议的：因转速而被拉扁的云带中，数不清的飓风、反气旋、龙卷风和其他风暴在肆虐。最近，朱诺号探测器揭开了这些天文现象的神秘面纱和宝贵细节。注意：两个风暴融合后释放出的闪电要比地球上的强烈数千倍！

大气层

氢	90	
氦	≈ 10%	
气态气体	< 1%	

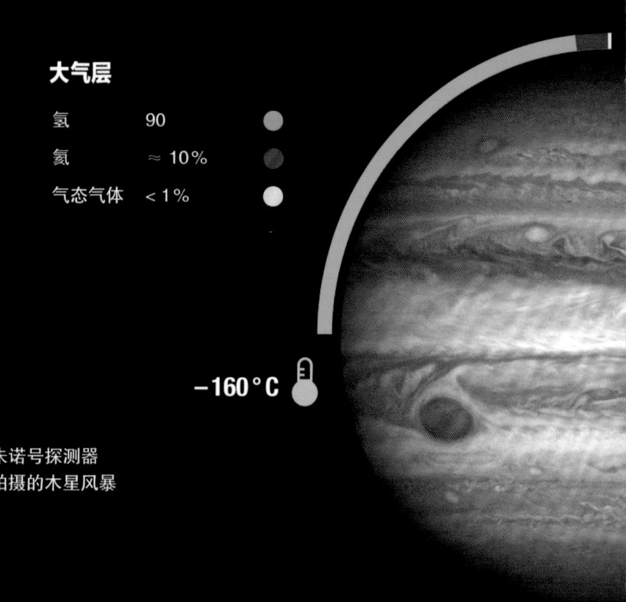

朱诺号探测器拍摄的木星风暴

木星上的1天和1年

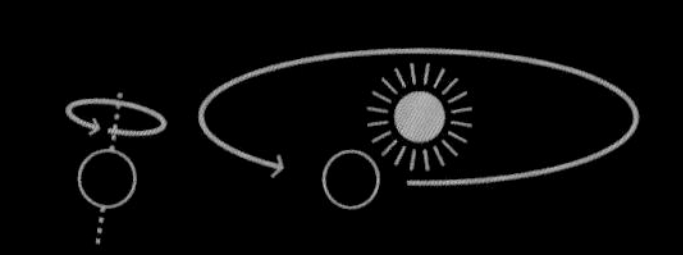

大气压：

5×地球大气压

木星的极光

木星拥有太阳系最强大的磁场。由此引发的极光现象的强度是地球上的好几万倍。然而，形成了两极周围壮丽紫色极光的粒子又是从哪里来的呢？不是来自距离过于遥远的太阳，而是来自距木星最近的卫星木卫一上的火山！这些火山的数量达到了400座，喷吐着缕缕数百千米高的硫磺烟柱。当这些分子被巨大的木星捕捉到的时候，它们与木星的大气层相撞并使之带电。

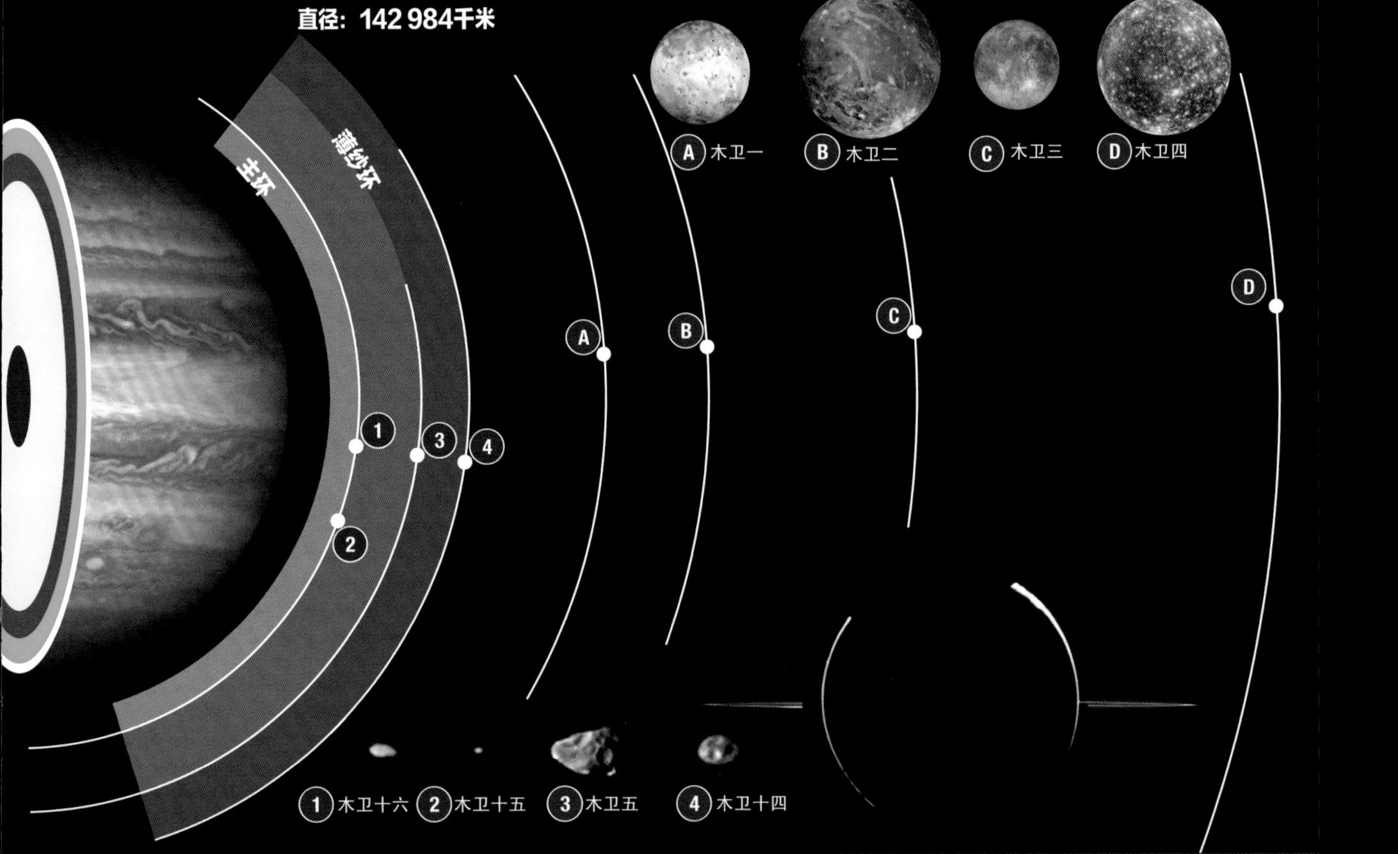

直径：142 984千米

主环

薄纱环

A 木卫一　B 木卫二　C 木卫三　D 木卫四

1 木卫十六　2 木卫十五　3 木卫五　4 木卫十四

Q&A 液态水在地球以外的地方很难发现。然而，在木星的哪颗卫星上，我们能发现大量的水呢？

在木卫二上有一个大洋，那里的液态水含量比地球上多一倍。它们可能存在于10—30千米厚的冰层下。

远看

明亮的黄色星辰在群星之间持续数周的运动。

伽利略卫星、小小的木星圆面（需要将双筒望远镜置于三脚架上）。

L60

两条赤道带（南赤道带色泽较浅、较不规则）、两极明显变暗、木星圆面呈扁形、木星的卫星呈圆形、由木星的阴影形成的卫星食。

T115

大红斑、南赤道带里的气流、沿着北赤道带的彩带、木星的快速自转、卫星投射在木星表面的阴影。

T200

不同质的红斑、连续的木星气象、赤道带边缘的变化、极地浅色椭圆形的熔合、圆形的伽利略卫星。

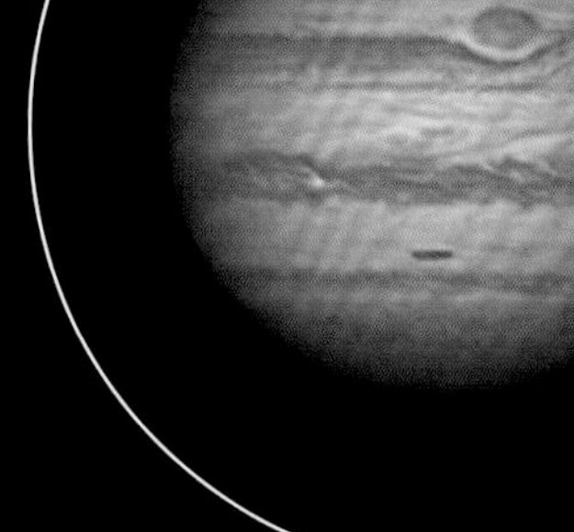

天文望远镜中的木星

何时观测

何地观测

2019年：5月—7月
2020年：6月—8月
2021年：7月—9月
2022年：8月—10月
2023年：8月—12月

伽利略卫星

1610年，伽利略发现了木星的四颗主要卫星，并观察到它们围绕巨大的木星运动，由此证明了不是所有的天体都像地心说认为的那样围绕地球旋转。按照距离木星的顺序，他发现了有活火山的木卫一、地下海中可能存在生命的木卫二、太阳系中最大的卫星木卫三和表面布满了环形山的木卫四。在环绕木星的运动中，这四颗卫星交替位于木星圆面的前后。当它们位于木星前方时，它们将自己小小的阴影投射到木星圆面上，产生了无数个卫星凌木；当它们位于木星后方时，它们消失在这颗巨大行星的阴影中。即使用一架小小的望远镜观察这一现象，我们也会觉得非常壮观。

小小的木卫二投射在大红斑附近的阴影

不断缩小的大红斑

这是木星最令我们感到好奇的地方：一个比地球大一倍的反气旋风暴自350年前被发现以来就一动不动。真的一动不动吗？不完全如此：在一个世纪中，它的直径从4万千米缩短到了1.6万千米。以现有的节奏，20年后它就面临消失的风险！如此急促的收缩现象可能是其内部的小旋流导致的。

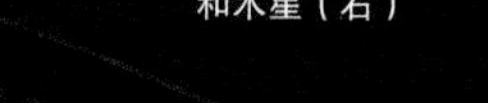

肉眼中的金星（左）和木星（右）

放大率

最大 × 2

强 × 1

中 × 1/2

弱 × 1/4

滤镜

黄色

土星和它的光环

在巨行星中，土星按体积大小只能排在木星之后。但是，由于其绚烂的光环，土星当之无愧地获得了太阳系最美星球的头衔。

一个巨大的……

同其他巨行星一样，土星的大气层主要由氢和氦构成。不过，氨分子赋予了它一层独特的黄色。它的大气层只有从远处看时才是平静的：在风暴大道上，旋风受超音速气流的挟带，有时会延展几十万千米。在两极寻找避难所是徒劳的，那里早已是奇形怪状的漫天飓风的栖息之地，而其成因至今无人知晓。

-190 °C

直径：120 000千米
即9×地球的直径

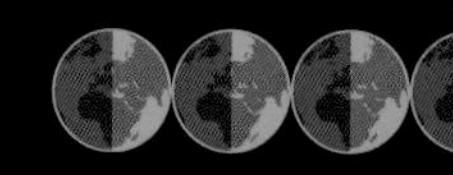

重力：1.1×地球重力

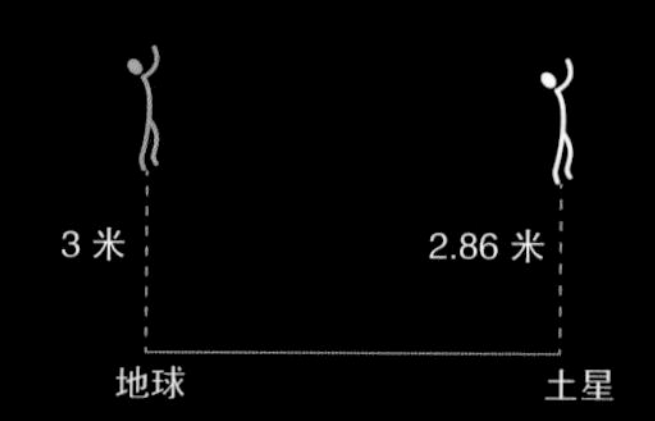

大气层

96%	氢
3%	氦
1%	其他气体

土星上的1天和1年

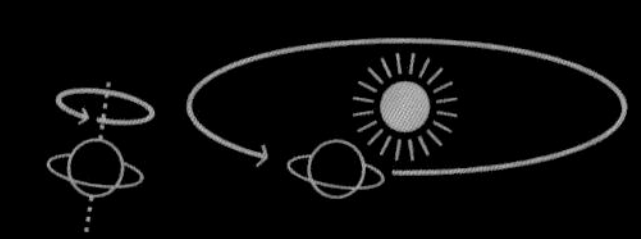

……或许可以在水上漂浮

尽管体形巨大，土星却是太阳系中唯一比液态水的密度还要小的行星：它的密度约为0.7g/cm³，而液态水则是1g/cm³。这样如果有一个足够宽阔的大洋将携带光环的土星托起的话，它能像一只核桃壳一样在水上漂浮！

地质构造

内核硅酸盐、氨铁
外核水、甲烷、氨冰
固态氢壳

土星到太阳的平均距离：
9.54—9.5×地球到太阳的距离

土星环的成因仍是未解之谜

土星环由无数环绕着土星同步转动的冰凌块和尘埃块构成。土星环大得刚好能够置身于地球和月球之间，而其厚度却不超过几十米：其宽度是厚度的上千万倍！尽管发射了宇宙探测器去造访土星，并在计算机上模拟了相关情形，天文学家仍然无法确定这些光环究竟是来自一颗因过于靠近土星而解体的卫星，还是来自那些未能聚集在一起形成更大物体的碎石。

量：568.46×10^{24}千克

95.2×地球的质量

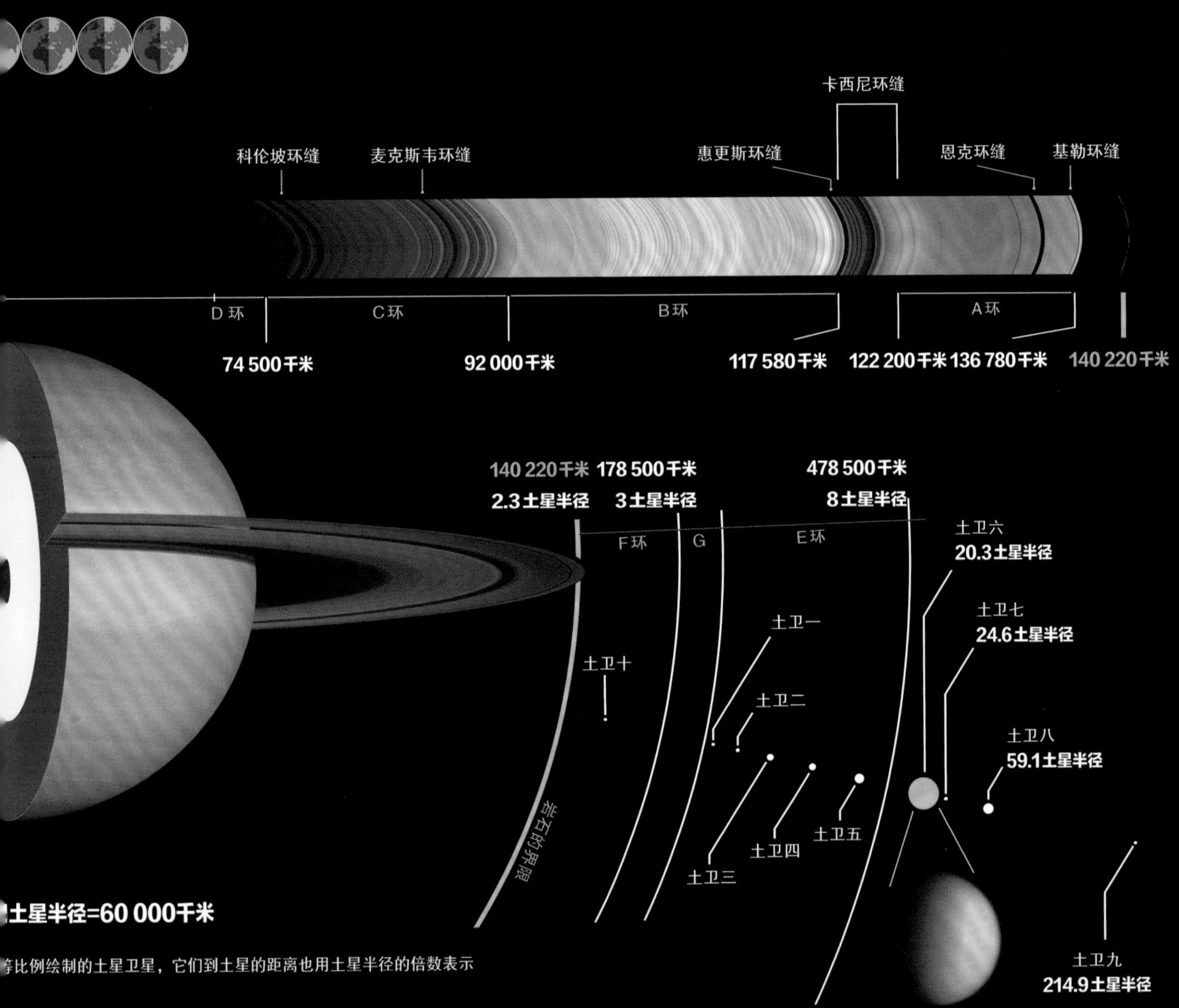

等比例绘制的土星卫星，它们到土星的距离也用土星半径的倍数表示

Q&A 土卫六——土星最大的卫星，也是整个太阳系中第二大的卫星，它从哪个角度来说与其他卫星相比很特别呢？

土卫六是唯一一颗有真正大气层的卫星。它的大气层中富含氮，与原始时期的地球相似；不排除微生物曾在这颗卫星上诞生过。

可以清楚观察到微黄色的土星在群星之间缓慢移动。

没有比肉眼观察多出些什么（当光环完全打开时，光斑呈椭圆形）。

L60

两个主光环之间的亮度差别、呈黄色的土星、土卫六。

T115

土星环中的卡西尼环缝、赤道带、两极变扁、5颗卫星。

T200

纤细的内环（C环）、恩克环缝、大气层风暴、7颗卫星

天文望远镜中的土星

2019年：6月—8月
2020年：6月—8月
2021年：7月—9月
2022年：7月—9月
2023年：7月—10月

土星环的倾斜

由于土星的自转轴相对其轨道是倾斜的，和土星赤道位于同一平面的土星环也同样是倾斜的。因此，随着土星在公转轨道上移动，我们观看其壮丽光环的视角在变化：我们感觉光环在交替地打开与闭合。经过年复一年的观测，我们现在可以观察到光环正在慢慢地闭合。到2025年，它将以标准的侧面出现。由于其厚度微薄，到那个时候，土星环看起来就像消失了一样。

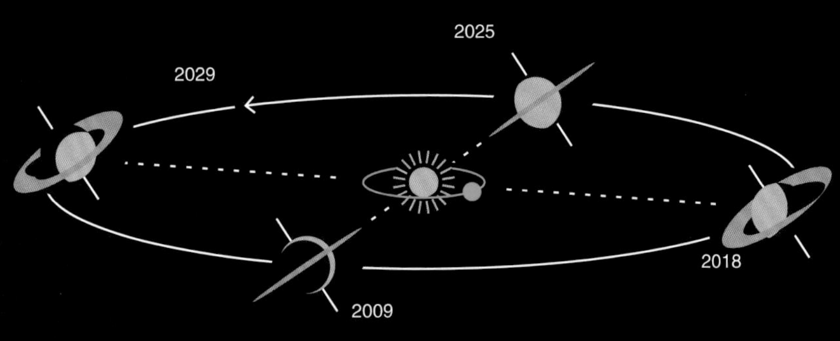

土星环的外观取决于其相对太阳的位置

肉眼中土星的亮度

尽管土星与地球之间的距离相对恒定，但其亮度却可以发生很大的变化。这是取决于其绚烂的光环相对我们的朝向。这听起来也合情合理，光环越是打开，土星就越显得明亮。但另一个更令人惊异的现象出现了：土星环中碎石的影子互相重叠，极大地降低了土星和太阳相冲时的亮度。

肉眼中位于天蝎座的土星

放大率

最大 × 2

强 × 1

中 × 1/2

弱 × 1/4

滤镜

黄色

位于太阳系边缘的天王星和海王星

由于距离太远，人们无法用肉眼观察到它们。天王星和海王星是在天文望远镜发明之后才被发现的。虽然太阳系的这两颗远日行星彼此相似，但海王星的大气层仍几个令人意想不到的现象。

美丽的色彩……

巨行星的大气层主要包含氢和氦这两种宇宙中最为丰富的成分。不过，其他几种化学元素的踪迹也能赋予它们与众不同的外观：甲烷可能就是天王星呈碧玉色和海王星呈海蓝色的主要原因。

……和气流

如果说天王星的大气层比较平静，那么海王星的大气层就是另一回事了，上面活跃着太阳系最猛烈的风：其速度接近每小时2 000千米！更有甚者，漫无边际的飓风——就像旅行者2号在1989年飞经时拍摄的那样，经常在海王星上面形成。这颗远日行星究竟是从哪里汲取到能量，能够制造出如此疯狂的现象，还能释放出比其从太阳那儿获得的多一倍的能量，天文学家们对此很纳闷。

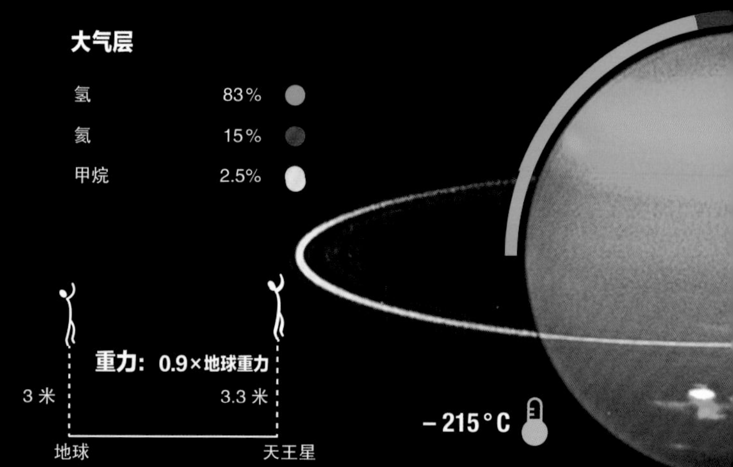

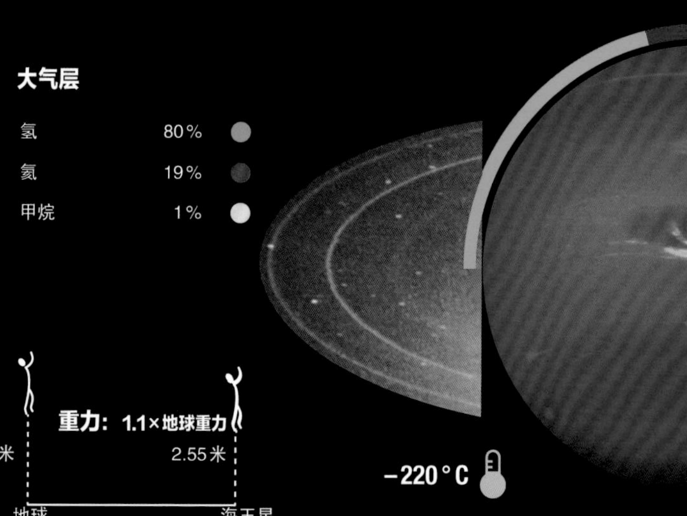

水星 金星 地球 火星 木星 土星 天王星 海王星

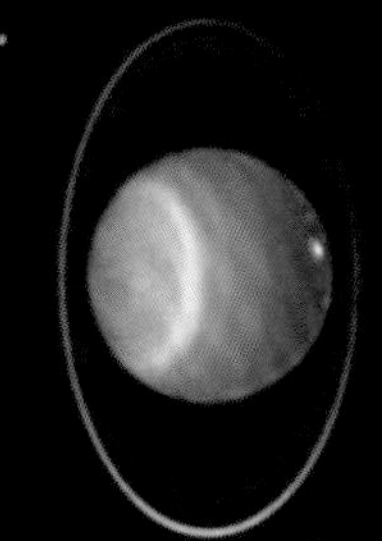

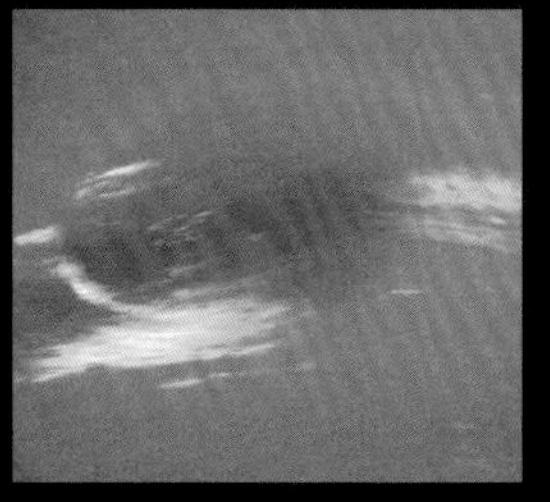

左图是通过哈勃望远镜观察到的天王星的光环和它的卫星，右图是旅行者2号拍摄到的海王星大风暴

巨行星纤细的光环

所有巨行星都有光环，然而只有土星的光环是清晰可见的，因为它们密集反射太阳光线。天王星和海王星的光环同木星的一样，由很暗的物质构成，这些物质使其很难被探测到。20世纪70年代，它在遮住了位于其后面的恒星时才被发现。旅行者2号探测器后来更加详细地探测了这些光环。结果显示，天王星有12个清晰的光环，海王星有5个。这些光环相对太阳系来说年龄都不大，它们可能来自小型天体相互碰撞产生的碎块。

天王星上的1天和1年

17小时24分钟　　84年

地质构造

- 核心
- 混合液体水、甲烷冰状氨
- 气态氢

海王星上的1天和1年

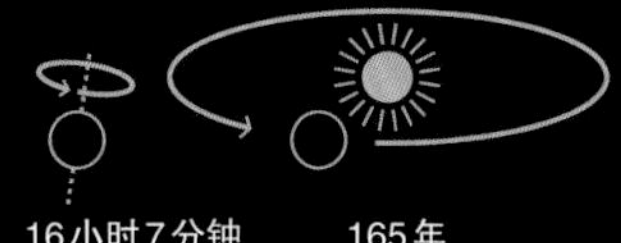

16小时7分钟　　165年

地质构造

- 核心
- 液态氢
- 气态氢
- 云

天王星的卫星（共27颗）

天卫一

天卫二

天卫三

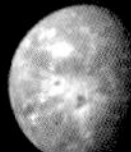

天卫四

天卫五

海王星的卫星（共14颗）

海卫一

Q&A 在天王星和海王星的云层之下和大洋之上可能漂浮着奇怪的物体……它是什么呢？

距离这两颗行星核心不远的地方，可能漂浮着钻石冰山。但千万不要试着去寻找它们：压力会把你和你的飞船瞬间碾得粉碎。

理论上可以看见天王星，但它淹没在了众多恒星微弱的光线中，被众多微光星所淹没；看不见海王星。

天王星呈淡绿色；无法将海王星与天空中其他星星区别开来。

L60

小圆盘状的天王星；微小得几乎成一个点的海王星。

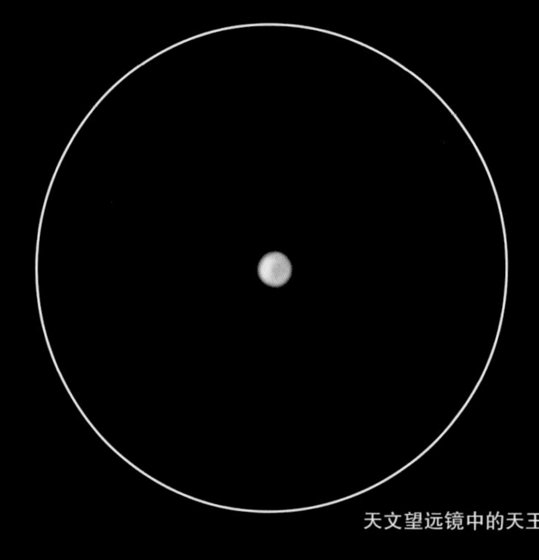

T115

清晰可辨的天王星；小圆盘状的海王星。

天文望远镜中的天王星

T200

清晰可辨的天王星和海王星，特殊条件下可见海卫一，用红外线拍摄可观察到两颗行星的大气层：天王星的平行带和海王星上的风暴。

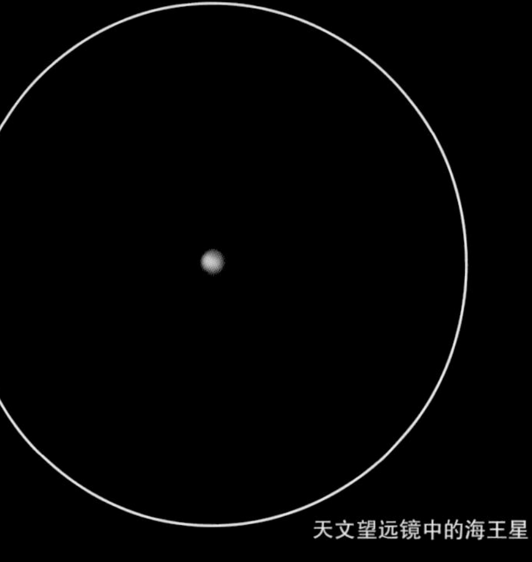

天文望远镜中的海王星

何地观测

天王星
2019—2023年：9月

海王星
2019—2023年：8月—9月

双筒望远镜中的天王星

在乡间纯净的天空中，天王星在望远镜中呈一个小圆点，如何在群星中将它辨认出来呢？最有效的方法是在星历表里确定天王星合月的日期。这样两颗星星就可以很容易地同时出现在视野之中了。除了它发绿的外观，1781年赫歇尔发现的这颗遥远的行星暴露了它的另一个特征：不变的亮度。没错，即使它看起来很小，但它行星的特性使它明显不如其他星星明亮。现在，你们已经具备在望远镜中辨认天王星的知识了！

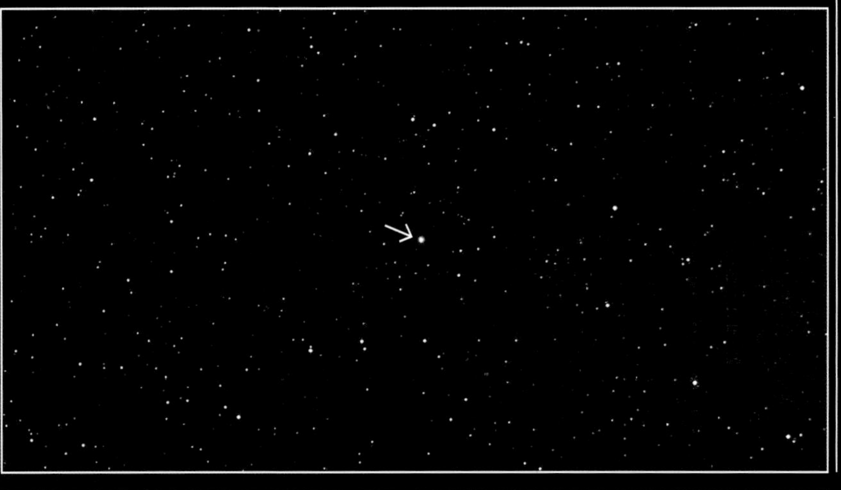

观察遥远行星的颜色

虽然这些行星的大气层都由氢和氦组成，但有意思的是，它们在天空中显示出不同的颜色：黄色的是土星——很容易观察到，绿色的是天王星，蓝色的是海王星！天王星灰绿的主色调在双筒望远镜中可辨，在直径100毫米的天文望远镜中，使用最小的放大率也显得相当清晰。这种颜色在和相邻星辰对比时更为突出。海王星的亮度仅为天王星的六分之一，而且相对地平线的位置也较低，需要用比观察天王星的天文望远镜更强大的仪器才能捕捉到它发蓝的色彩。

旅行者号探测器拍摄的天王星和海王星

放大率

最大 × 2

强 × 1

中 × 1/2

弱 × 1/4

滤镜

小行星——太阳系的小石子

小行星是几米到几千千米大的岩石块。有些小行星的运动轨迹与地球的公转轨道相交——托塔蒂斯[①]再经过一次，天空会不会掉落在我们头上啊？

火星和木星之间数百万的碎片……

大量的碎片——可能有100多万颗，处在火星和木星之间3亿千米宽的小行星带上。这些小石子被称为小行星，正处在构成行星的雏形阶段。由于距离不远的木星的过度干扰，这些石子从未能够聚集起来——除非它们被巨行星聚合到一起！此外，木星的运动轨道上也有几千块这样的小行星，它们围绕在被称为拉格朗日点的平衡点附近，组成了特洛伊小行星群。

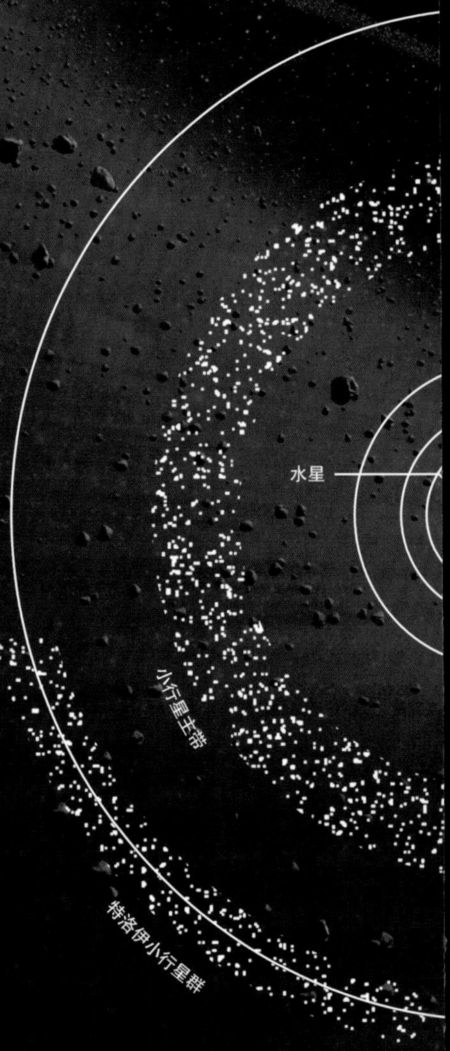

水星

小行星主带

特洛伊小行星群

……海王星之外还有更多的小行星

在海王星的公转轨道之外，还有一个地方挤满了大小各异的石头：柯伊伯带。我们现在还不是非常了解这一区域。由于它距离太阳非常遥远，基本上从未被太阳照亮过。天文学家们认为这一区域的小行星数量是火星和木星之间的数百倍。这一区域还有几颗著名的矮行星，如阋神星以及……冥王星。

① 托塔蒂斯小行星曾于1992年12月8日与地球擦肩而过。——译者注

近地小行星

一部分小行星——怎么说也有几千颗——有着和地球相交的轨道，因此得名近地小行星。人们不可能想不到近地小行星与地球相撞的危险，比如6 500万年前的那次导致了恐龙灭绝的撞击。天文学家们忧心忡忡，甚至还设计了几种望远镜不间断地探测天空以预防任何可能发生的威胁。到目前为止他们还没有看到什么，但还是有几个令人心悸的事件：某些近地小行星经常像龙卷风那样经过地球与月球之间。有时用最普通的双筒望远镜就能看见它们在几小时之中穿越天空！想要知道当天是哪颗小行星光临，请访问www.minorplanetcenter.net。

阿波菲斯是最危险的近地小行星之一，它的轮廓很快就会被我们所知：2029年4月13日，它将从与地球相距38 000千米的地方经过，这是一个观察其形状的好时机，不要害怕哟！

Q&A 为什么小行星让商人和天文学家一样心驰神往？

因为小行星富含贵金属，而且这些贵金属就在它的表面。一块“小小的”半径300米的小行星可能具有5万亿欧元的商业价值！

当小行星冲日时，一两颗小行星的星等会低于6，但在群星中依然非常难以辨别。在特殊情况下，我们可以观察到小行星的陨落，比如左图的2013年车里雅宾斯克小行星撞击事件。

用双筒望远镜可以观察到十来颗小行星。

可以确定不少小行星的位置，追踪它们的运动轨迹（以下两图分别是婚神星在运动21小时前后的位置）。这些小行星中有35颗的星等低于9，在60毫米天文望远镜中可以观察到，用200毫米望远镜则可以观察到数百颗。

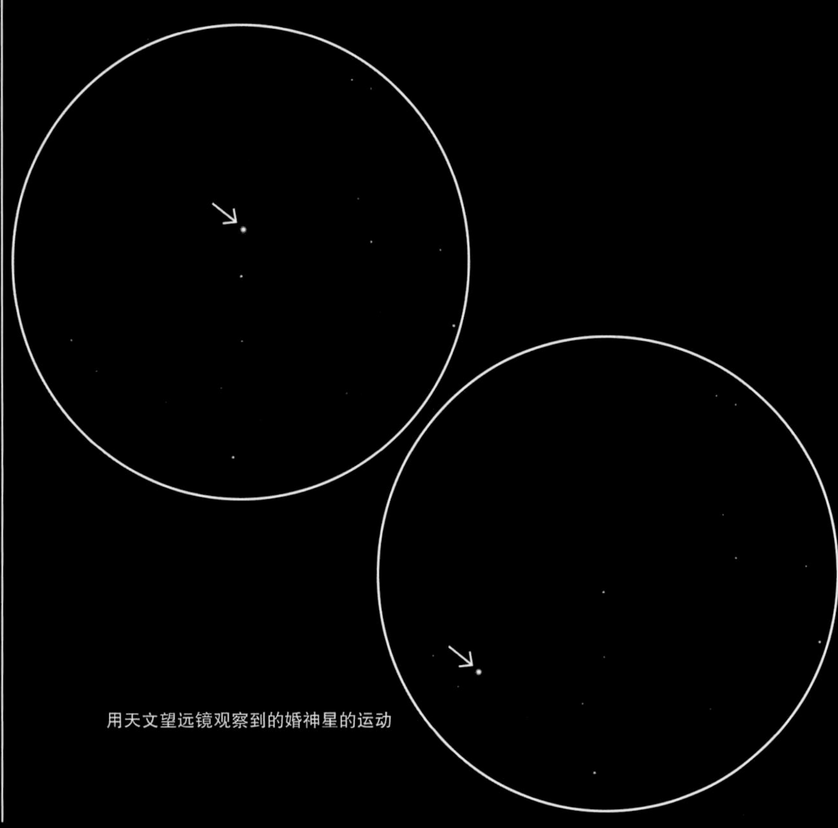

用天文望远镜观察到的婚神星的运动

何时观测

何地观测

全年均可：
查询星历表
https://in-the-sky.org/data/asteroids.php

小行星的运动

小行星模仿群星的外观，在它们之中扮演了变色龙的角色。然而，小行星被自己的移动速度暴露了，它们的移动速度比火星略慢一些。一旦通过星历表确定了某颗小行星的位置，你一定不能放过它。它和它邻近的星星的形状在双筒望远镜中看起来每个晚上都不同，而透过小型天文望远镜的目镜观察，它们的形状每隔一个小时看起来都不一样。当然，近地小行星的移动速度要快很多。

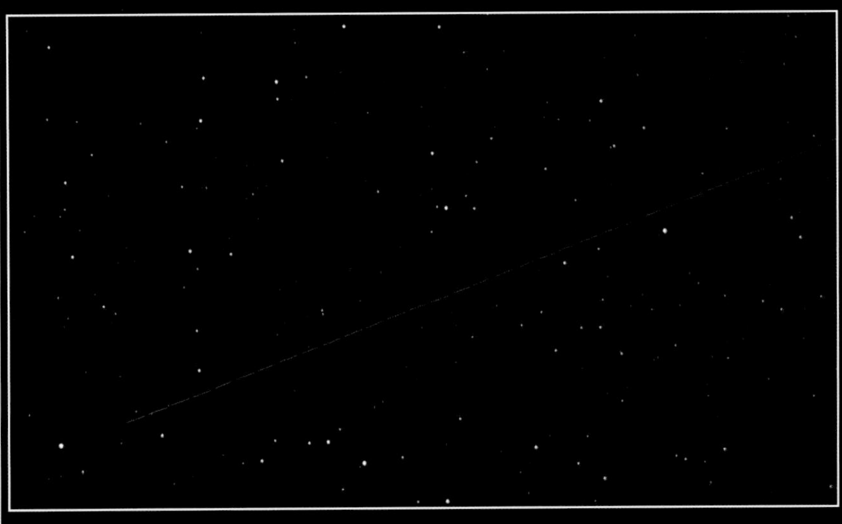

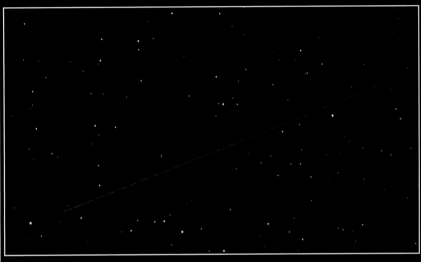

2017年4月19日，2014 JO25 小行星从距地球180万千米的地方经过时捕捉到的运动轨迹

确定小行星的大小

相当多小行星的形状和大小有待确定。你可以测量它们，做出自己的贡献！具体该怎么做呢？当这些大石头刚好在恒星前面经过时，我们可能有几秒钟观察不到它们。通过交叉比对不同地区的观测结果，这些掩星现象能够帮助我们了解这些天体的特征。如想参与其中，只需准备一架小型天文望远镜、一只秒表和一双明察秋毫的眼睛。www.euraster.net汇集了全欧洲的观测数据。

车里雅宾斯克小行星的陨落

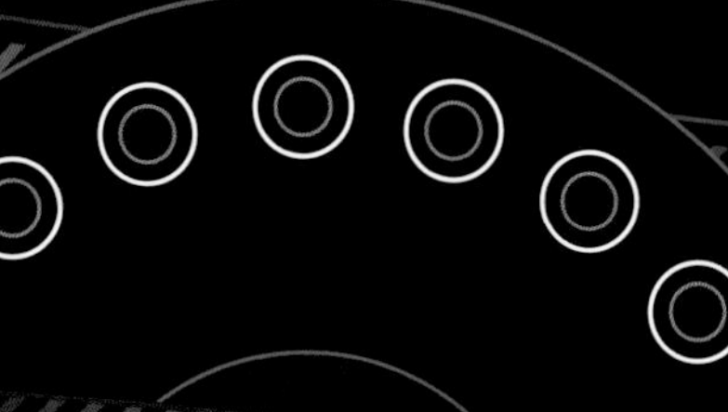

彗星——来自寒冷地带的旅行者

尽管在太阳系偏远寒冷的地带度过一生的大部分时光，彗星基本上没有发生什么变化，也没有告诉我们它们从何处而来。当彗星一头扎向太阳的时候，它们会升华，创造出美不胜收的景象。

冰冻的躯体……

彗星是直径从几百米到几十千米大小不等的小天体。它们主要由冰凌构成，但也有岩石，其表面和煤炱一样黑。人们认为，正是彗星在几十亿年前猛烈地撞击了地球，才给我们带来了水。

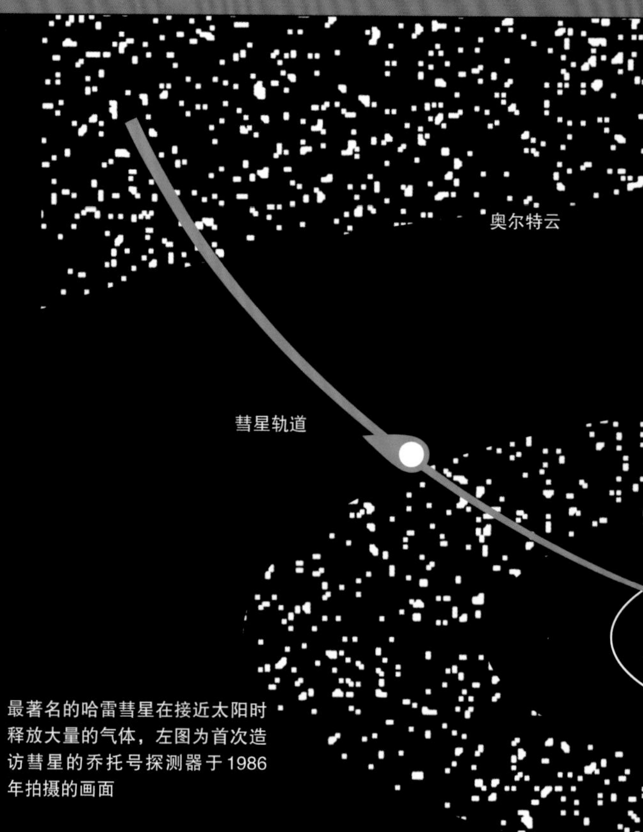

最著名的哈雷彗星在接近太阳时释放大量的气体，左图为首次造访彗星的乔托号探测器于1986年拍摄的画面

……在太阳中燃烧

彗星具有细长的椭圆轨道，这使得它们的运动路径非常长。当彗星靠近太阳的时候，它们表面的温度从-200℃上升到+100℃，于是灰尘与气体就通过散布在其表层的强力间歇式喷口释放出来。待在任何一个喷口附近都不是什么好事！这些被送进太空中的混合物滞留在彗星轨道上，有时能形成绵延数百万千米的流光。

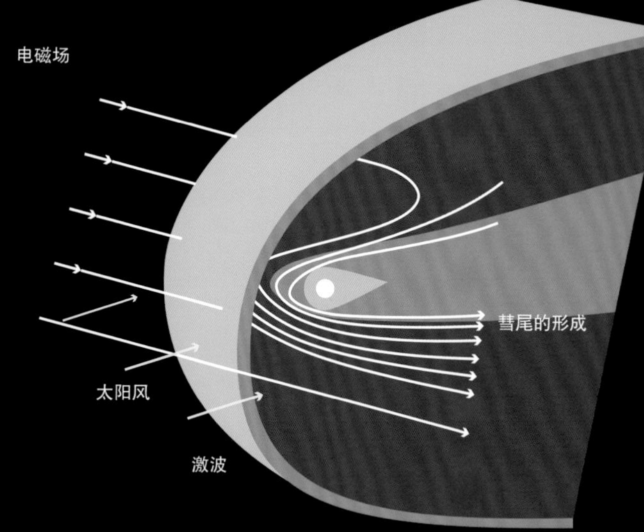

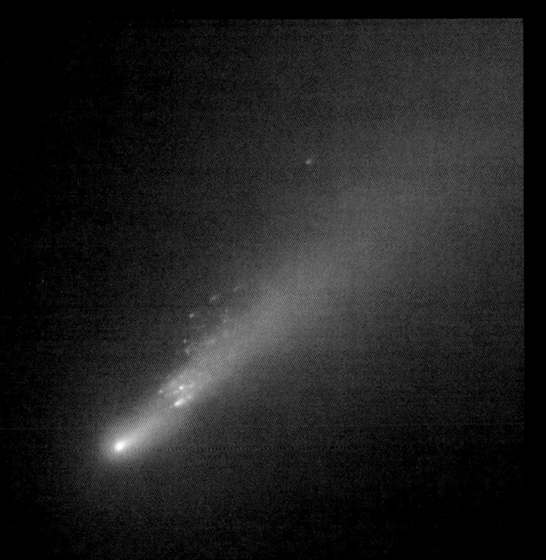

彗星的周期性

星星的周期指星星两次经过太阳间隔的时间。发现彗星周期性的正是埃德蒙·哈雷，这要归功于那颗继承了他姓氏的彗星。当周期小于200年时，我们称其为短周期彗星。这样的彗星来自海王星以外的柯伊伯带。长周期彗星则来自包含着几十亿个天体、位于太阳系边缘的奥尔特云。这样的彗星每隔几十到几万年才经过太阳一次。

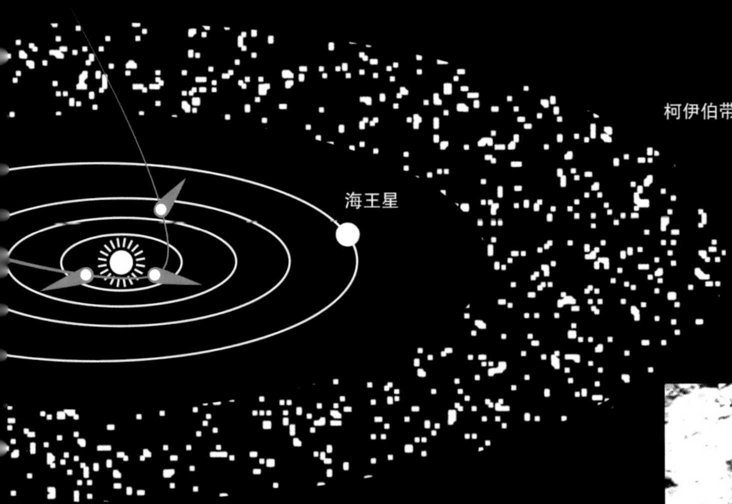

柯伊伯带

海王星

2014年罗塞塔号探测器拍摄的菲莱号着陆器登陆67P/丘留莫夫—格拉西缅科彗星

0 500m N

Q&A 1994年7月，哪一颗彗星在木星引力的作用下瓦解并撞向了木星？

是休梅克－列维彗星，撞击产生了巨大的黑斑，业余爱好者用小望远镜就可观察到。值得注意的是，彗星的瓦解并不罕见，但大部分时候是受到太阳的吸引。

长长的彗尾（1996年百武彗星彗尾的角直径达到了100°）。

观察美丽彗星的最佳仪器。

使用低倍率的广角目镜可观察到彗发的形状、彗核中可能存在的裂缝（无法预测）、彗尾的细节（不同彗尾的差别很大）。

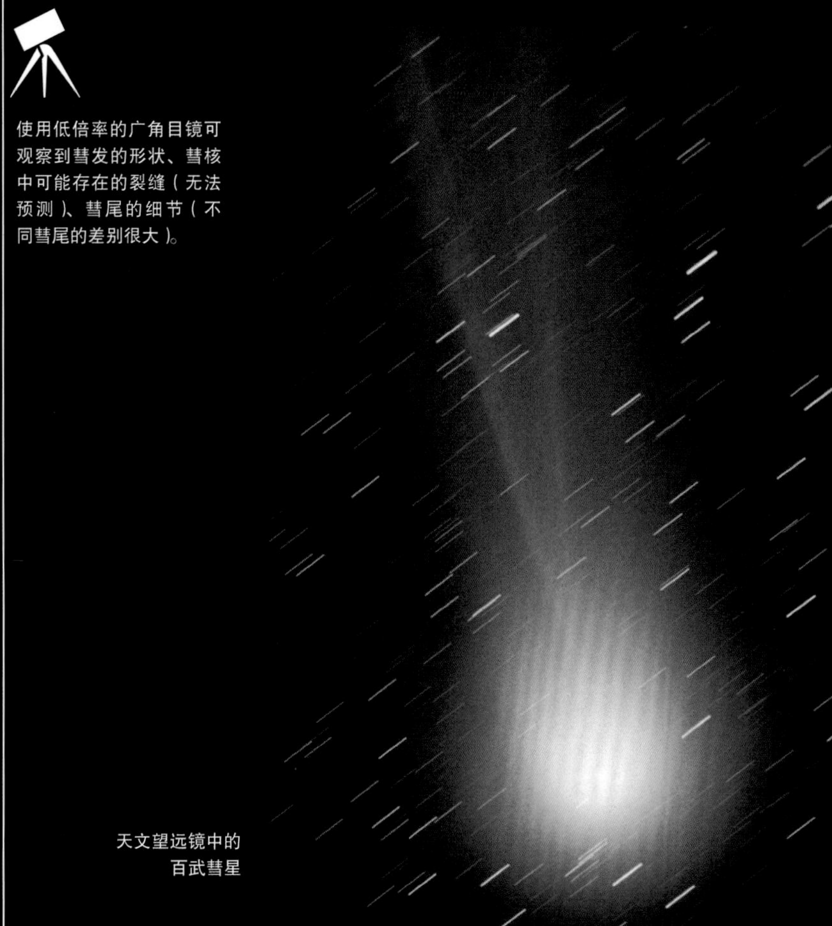

天文望远镜中的百武彗星

何时观测

当彗星处于近地点和近日点的时候

何地观测

学会辨别彗星的不同部分

一颗彗星最闪亮的地方是它的彗发，即包围着彗核的大气。彗核藏在慧发里，个头很小，不能被直接观察到。当彗星离太阳足够近的时候，它将气体和尘埃释放到自身轨道里。气体彗尾由非常轻的元素组成，笔直笔直的，向与太阳相反的方向伸展，在底片上它呈现出蓝绿色，因为气体离子化了（就和星云一样）。尘埃彗尾弯曲成扇形，划出彗星的运动轨迹。它可以密集地反射太阳光，变得非常耀眼。当两条彗尾同时出现时，由于观察角度不同，它们看起来方向各异。

1996年春，海尔－波普彗星和两条判然有别的彗尾

从国际空间站观察到的洛夫乔伊彗星

不速之客

彗星的运动难以预测，特别是在接近太阳的时候。查阅星历表时，不管是对悲观还是乐观的预测，都要保持谨慎。彗星活动的爆发能带来很多惊喜：2007年10月，霍尔姆斯彗星的亮度出乎意料地增加了近百万倍。相反，有的彗星未达到预期的亮度——本以为会在2013年底和满月一样亮的艾森彗星，就一点儿也没有点醒你们吗？这也很正常，艾森彗星靠近太阳时就气化了，这下你们可知道了吧！

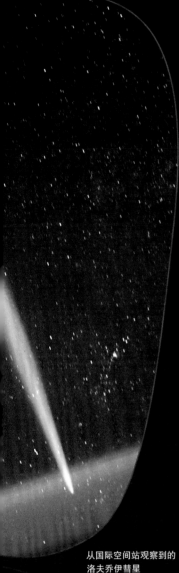

放大率

最大 × 2

强 × 1

中 × 1/2

弱 × 1/4

第五章

星光世界

星星，那一朵朵遥远的小小烛光，在宁静的夜空中闪烁，长久地保持着它们的神秘，但我们仍然知晓了很多关于星星的知识：它们在哪里诞生，为什么它们的颜色不一样，它们又如何消亡……星光世界展现在我们眼前，其绚丽多彩的景象和浩瀚无垠的深邃令我们头晕目眩。

星星离我们有多远

肉眼看到的星星与我们相距几十光年，这根本算不了什么——银河系的绝大部分星星比这还要远得多，它们都在几万光年以外。

量一量星星的距离

银河系大部分星星的距离是根据视差原理计算得出的，天文学家需要测量它们的视差因地球公转在1地球年里产生的细微变化，这种方法需要很高的精确度。目前，欧洲的盖亚卫星以3×10^{-4}弧度秒分辨率（比哈勃望远镜精确200倍）测量了10亿多颗星星的距离。天文学家们也知道如何测量某些特殊变星的距离（造父变星或天琴座RR型变星）：从测量它们亮度的规律性变化开始。

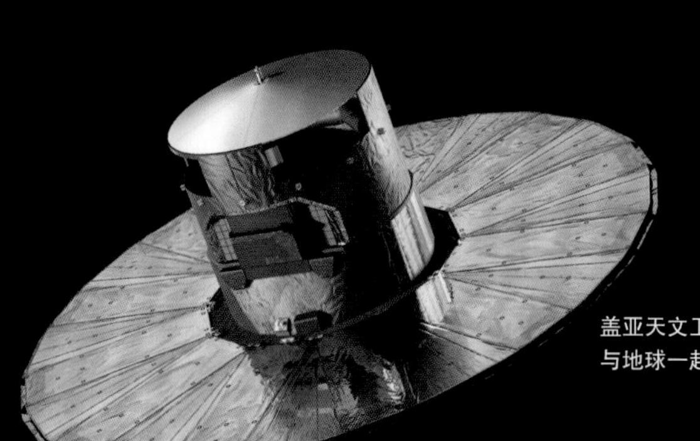

盖亚天文卫星位于拉格朗日L2点时，与地球一起围绕太阳旋转

	到地球的距离（光年）	视星等	绝对星等
太阳	0.000015	−26.7（刺眼）	4.8
南门二（半人马座 α）	4.4	0	4.4
天狼星	8.7	−1.5	1.4
织女星	25.0	0	0.6
北极星	432.6	2.0	−3.7
参宿七（猎户座 β）	860	0.1	−7.0

按距离地球远近排列的几颗著名天体的视星等和绝对星等，绝对星等是指天体距地球33光年时的视亮度

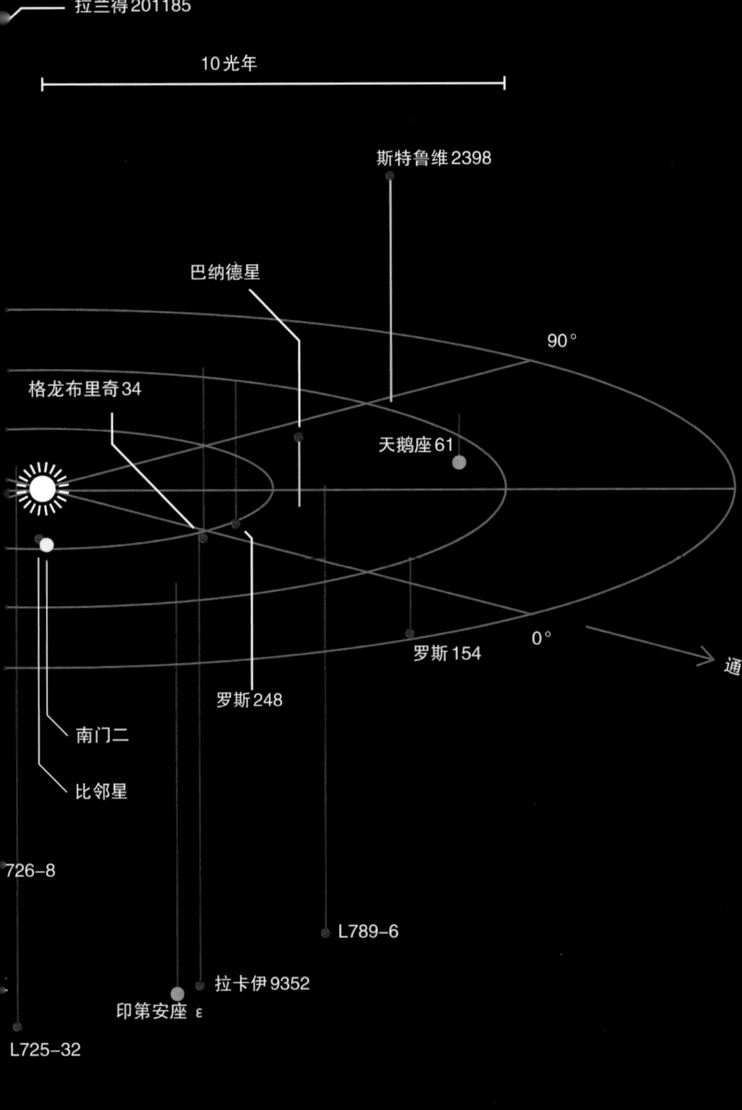

天鹅座61，贝塞尔星

天鹅座61可以被视为天空中最重要的恒星：它是第一颗被估算出距离的恒星。早在1804年，天文学家朱赛普·皮亚齐就注意到这颗恒星在空中移动得快，这意味着该星离我们非常近。自那时起，天文学家们就试图探测它的视差运动。是普鲁士天文学家弗雷德里克·贝塞尔第一个完成了这一伟绩。他测得的值为10.3光年，非常接近目前公认的值（11.4光年）。这一数字赋予了苍穹出人意料的深度：11光年，即1 000多万亿千米啊！贝塞尔星是一个超级双星系统，绝对可以透过小型天文望远镜观察到。

贝塞尔星

Q&A 迄今尚未探测到的最遥远的银河系恒星有多远（该星在银晕之中，不在银盘之上）？

最遥远的银河系恒星ULAS J0015+01是一颗巨大的红色恒星，位于900 000光年远的地方！实际上，在银河系周围的轨道上也有恒星，离银盘面很远。

感受苍穹的深度根本不需要望远镜。在黑暗的夜空中，我们用肉眼可以观察到3 000多颗星星，不需要借助望远镜。它们当中的大多数距离地球不到100光年，只有少数几颗超巨星距离地球1 000光年。

离我们较近的恒星：天狼星（冬季，8.6光年）、南河三（冬季，11.5光年）、牵牛星（夏季，16.7光年）、织女星（夏季，25光年）、大角星（春季，37光年）。

离我们距离适中的恒星：毕宿五（冬季，67光年）、北斗六（春季，78光年）、壁宿二（秋季，97光年）、角宿一（春季，250光年）。

离我们较远的恒星：北极星（全年，430光年）、心宿二（夏季，553光年）、参宿七（冬季，860光年）、天津四（夏季，2500光年）。

肉眼中的夏季星空

何时观测

全年

何地观测

肉眼可见的最近恒星排行榜

离我们最近的恒星是复杂的半人马座 α 星系统，它距离我们4.37光年。这个位于南半球的璀璨恒星系统由一对美丽的双星和第三颗较暗的伴星（距离我们仅4.22光年的被称为比邻星的红矮星）组成。在我们所处的纬度上，大犬座的天狼星值得我们特别关注：它是到地球的距离仅次于半人马座 α 星系统的恒星（8.6光年），也是空中最明亮的恒星。在排行榜上位列第三的是南河三，小犬座的主星，距离我们11.5光年。至少有12颗弱光星（包括红矮星）比南河三更近，但它们只能通过望远镜才能看到。

用天文望远镜观察到的所有星宿（pgc226974地区）

肉眼可见的最远恒星排行榜

肉眼可见的最远恒星当属螣蛇十二（仙后座 ρ），在1万光年外。这颗比太阳大450倍而且亮100万倍的星星是一颗黄特超巨星，非常罕见，在整个银河系已发现的这类星星也不过十来颗。螣蛇十二是银河系下一颗超新星头衔的有力竞争者。此外，由于其光线需要1万年才能到达我们这里，没准它早就已经爆炸了呢！这颗不起眼却在夜空中肉眼可辨的星宿距离王良三（仙后座 η）不远，标记着仙后座著名的“W”的最远端。

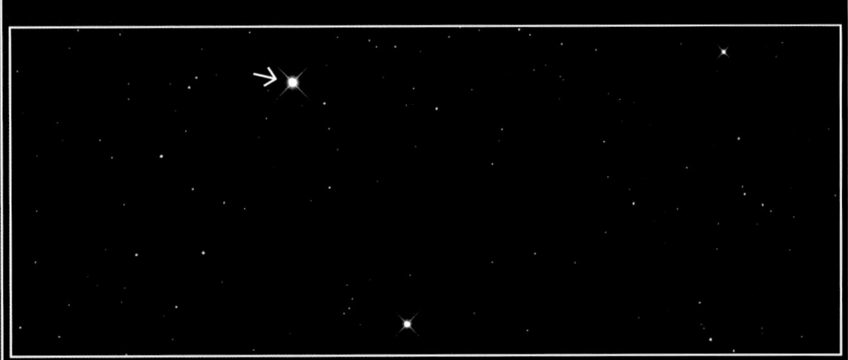

螣蛇十二（位于图片上方）

恒星的一生

由于在诞生之初大小各异，恒星的寿命可以持续几百万到几百亿年。在这个过程中，它们会经历各种色彩的变化。

从热到冷……

在星云内诞生后，恒星靠消耗自身的氢延续生命。在核燃料缓慢减少的同时，恒星表面的温度也在下降。除为了保持平衡而变大以外，冷却还导致了一个极为壮观的结果——颜色的变化，从年轻时炽热的蓝色冷却为年迈时的红色：星星们无法藏住自己的年龄。

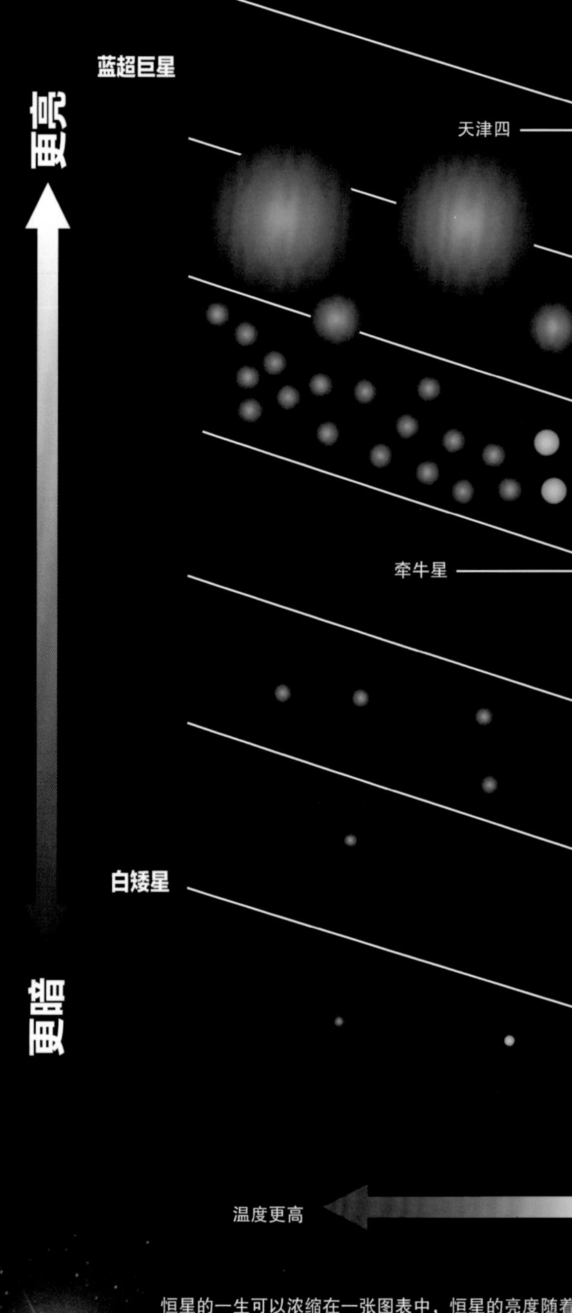

……到体积大小决定了速度的不同

令人惊讶的是，恒星诞生之初的氢含量越大，它的铺张浪费就越严重，因为它核反应的效率也会大为增强。一颗像太阳那样节约的恒星可轻松存活10亿年，而一颗比太阳大20倍的超巨星的理论寿命则不超过1 000万年。

恒星的一生可以浓缩在一张图表中，恒星的亮度随着其表面温度的变化而改变，这就是赫罗图

矮星忧郁的生活

很多恒星最终未能获得美丽的蓝色外观，因为它们太小，温度达不到那么高——它们只能作为红矮星度过漫长忧郁的一生。还有一些更小的恒星几乎只有木星那么大，由于没有那么高的温度，它们甚至没有能力维持其核反应。这些流产的恒星被称为褐矮星，只发出微弱的红外射线。矮星占恒星总数的80%以上。

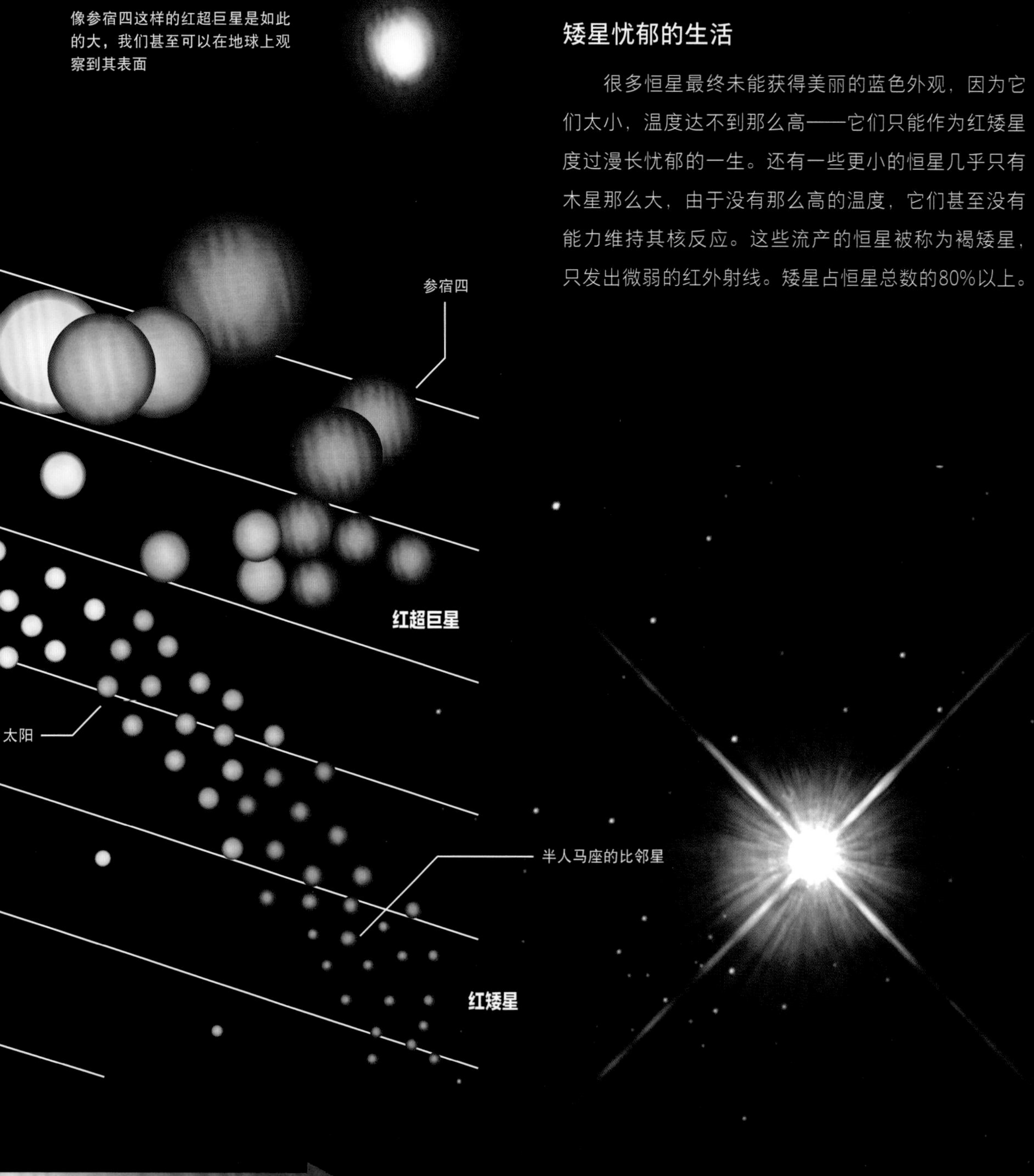

像参宿四这样的红超巨星是如此的大，我们甚至可以在地球上观察到其表面

Q&A 恒星一生中要经历彩虹般的各种颜色，为什么偏偏没有绿色呢？

实际上，恒星的颜色不是由单一色彩构成的。即使其中亮度最强的是绿色，但由于绿色和其他色彩相互重叠，恒星看起来也是白色的。

远看

特别关注几颗色彩斑斓的星星：橙色的参宿四和心宿二、黄色的大角星、蓝色的参宿七和角宿一。

被放大的亮星的颜色、橙色的石榴石星（造父四）、黄色的北极二（小熊座β）和毕宿星团的几颗星星。

L60

亮度相当高的星星的颜色。小窍门：微调焦距使星星看起来像小圆盘，就容易观察到它的颜色了。

T115

亮度中等的星星的颜色、英仙座双星团中的红超巨星、参宿七南边亮度最高的碳星天兔座R、织女星西边的天琴座T。

T200

亮度较低的星星的颜色、亮度最低的碳星、几个星团中的黄巨星和橙巨星（M35、M44）。

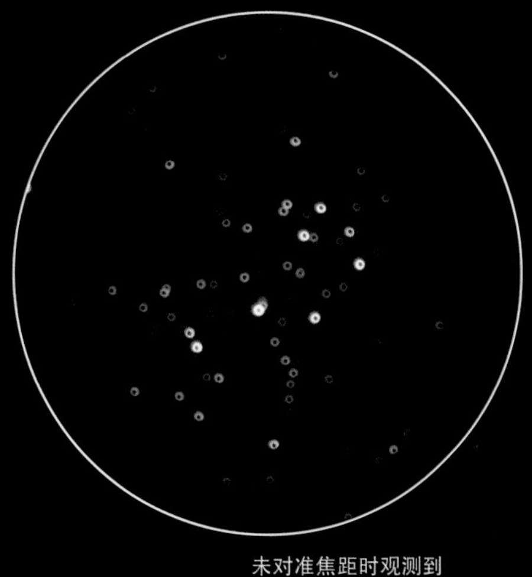

未对准焦距时观测到的昴星团中的星星

何时观测

何地观测

全年

明亮星星最多时的冬季天空

肉眼所见猎户座群星的颜色

我们的眼睛分不清星星的颜色，特别是在不借助望远镜的情况下。然而，有几颗星星的颜色是有可能分辨出来的，尤其是最著名的冬季星座——猎户座——中的星星。请盯住左图左上方的参宿四，在左图右下角找到参宿七，体会观星的乐趣。第一颗是一颗膨胀到比太阳大1 200倍的红超巨星，用肉眼观察它是橙色的。参宿七也是一颗巨星，诚然，它要比参宿四小，仅有太阳的80倍大；然而它很年轻，比太阳重3倍，闪耀着美丽无比的蓝白色光芒。当你来回观察这两颗星星时，色彩的区别显而易见。

肉眼所见大熊座群星的颜色

天空中色彩最斑斓的星星

天兔座R是天空中色彩最斑斓的星星之一，它栖息在离参宿七不远的天兔座中，它更为人知的名字是欣德深红星。这颗具有强烈红色的星星属于碳星，碳星是指在一生中制造的碳元素比氧元素多的星星。碳元素起到了过滤的作用，只让红光通过。欣德深红星的星等在14个月内在5.5和11.5之间变化。当其亮度最强时，在望远镜中清晰可见，但颜色偏黄；当其亮度较弱时，它的红色也较深。

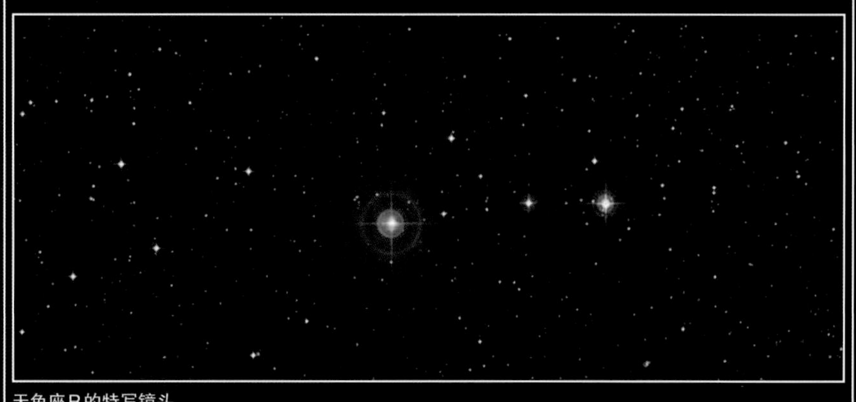

天兔座R的特写镜头

放大率

最大 × 2

强 × 1

中 × 1/2

弱 × 1/4

滤镜

恒星夫妻

尽管我们的太阳是一个铁打的光棍，大多数恒星却是成双成对地生活。引力将两颗恒星强捏在一起，像手拉着手的滑冰选手，有时候还有点用力过度。

平常的夫妻……

十颗恒星里有八颗像夫妻一样过日子，并且不能谈离婚：两颗恒星被彼此的引力束缚在一起。这样的生活在大多数情况下都很顺利。两颗恒星终其一生都在坚定地围绕着同一点共舞。舞一圈一般用时几百年，相距最近的只需要数天，相距最远的用时可长达几千年。

……和其他奇闻异事

一对夫妻结合得越是紧密，相处产生的问题也就越多。比如，白矮星们有一个令人恼火的偏好：依靠吞噬其亲密伴侣的大气层活着！有时因此产生的消化问题导致其亮度突然增强，使其变成了新星。更为严重的是，恒星们可以变成两个黑洞并以崩溃告终：该现象极为猛烈，产生的引力波可震撼整个宇宙。

天鹅座X-1：一个吞噬了与其共同生活的巨星的黑洞。它是天空中X射线亮度最大的星星，左上图为其X射线视图

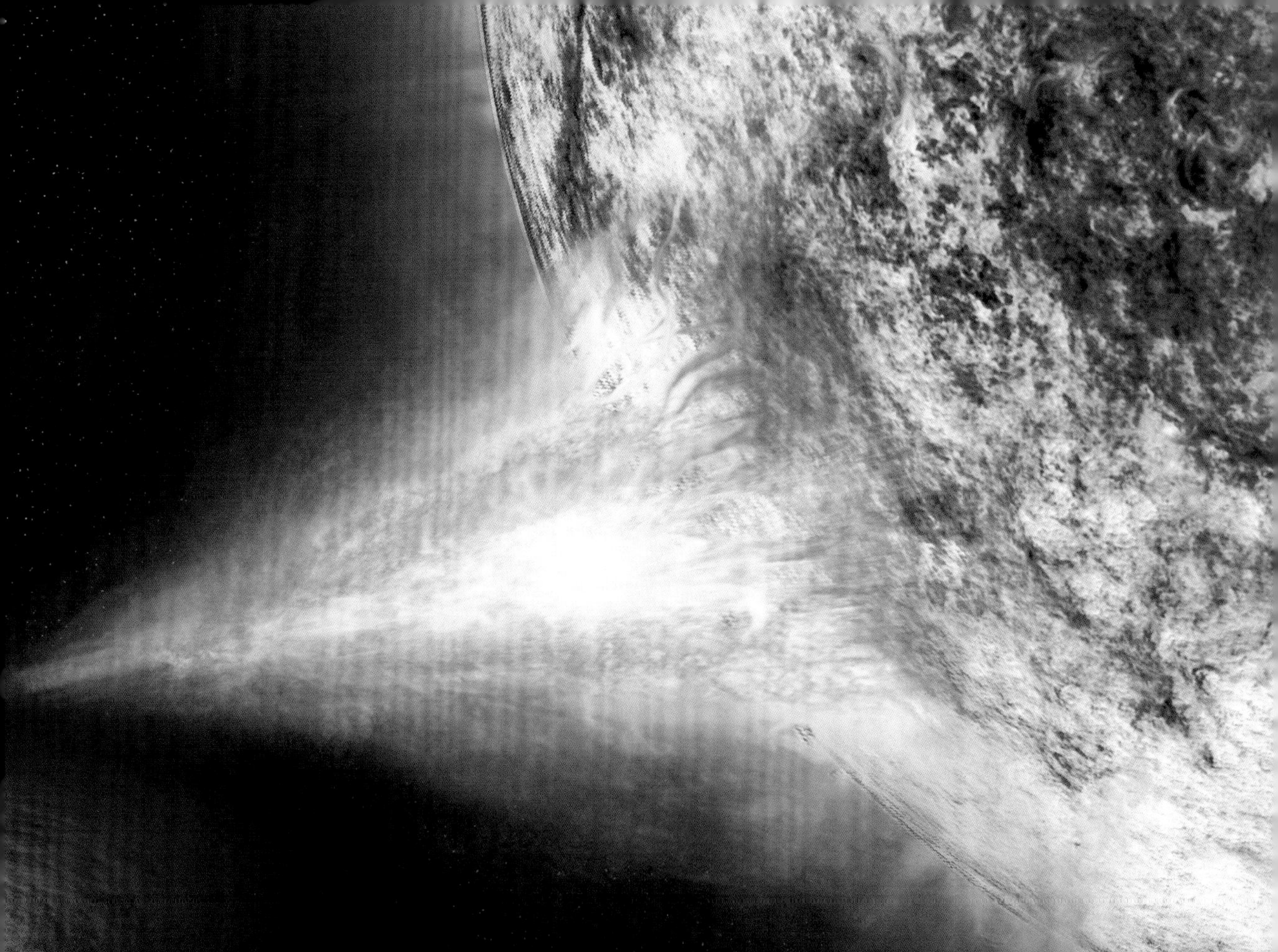

观测双星的运行轨道

18世纪末，威廉·赫歇尔因注意到有些双星转动缓慢弄明白了它们的性质。自那以后，成千上万的双星体系乃至多星体系被发现。即使如此，天文学家们还是有很多工作要做。实际上，想要准确地测出周期长达数千年并且两个世纪以来基本没有变化的运行轨道，还是有一定难度的。如果你对这一领域感兴趣，有很多星星在互联网上等着你呢：http://www.usno.navy.mil/USNO/astrometry/opticl-IR-prd/wds

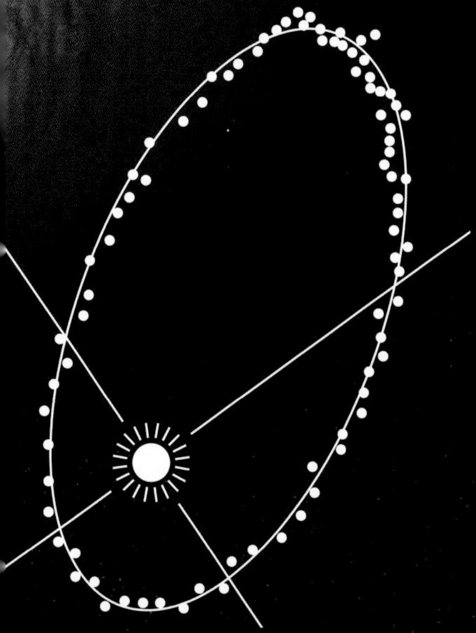

蛇夫座70的运行轨道，赫歇尔在1779年观察到的第一个双星系统

Q&A 人们是什么时候第一次探测到黑洞融合时发出的引力波的？

2015年9月，激光干涉引力波天文台团队首次探测到爱因斯坦一个多世纪以前预言的时空振荡。

罕见的间距较大的双星：大熊座中的开阳和开阳增一、织女二（有难度）。

十几对双星，由于放大倍率较低，很多都到了分辨率的极限：双筒望远镜必须固定在支架上。

L60

很多对角直径为2″ 的双星、4颗星星排列成梯形（猎户座星云的中心）。

T115

角直径为1″的双星、双双星织女二、猎户座四边形天体中的5颗星。

T200

角直径为0.6″的双星、猎户座四边形天体中的6颗星。

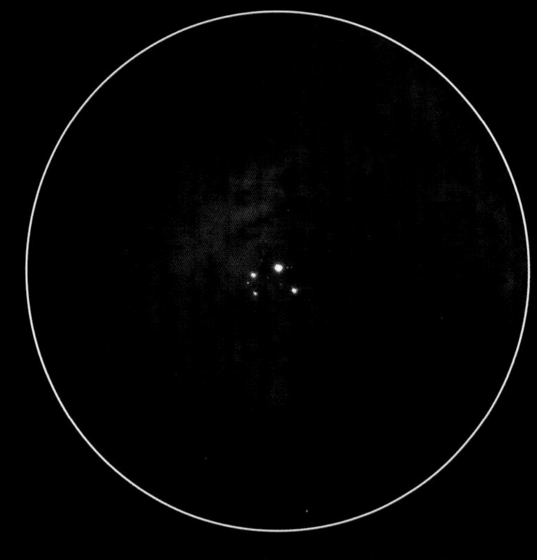

天文望远镜中的猎户座四边形天体

何时观测

全年

何地观测

看一看双星的色彩

虽然组成双星的两颗恒星一定要一起出生，但它们却是没有任何理由拥有相同初始质量的假体双胞胎。然而，恒星的质量越大，意味着它的衰老速度也越快。其结论是什么呢？当双星系统中的一颗比另一颗明亮时，它的颜色必定更温暖！请看看辇道增七核实一下这一点，它就在天鹅座十字的顶尖处，肉眼可见。在业余爱好者的取景框中，这颗默默无闻的星星也能成为空中最美丽的双星之一：闪耀着橘黄色亮丽光彩的星星与一颗小一些、穿着华丽蓝色长裙的星星相邻而伴。

天文望远镜中的辇道增七

用肉眼分辨双星

尽管辨认双星基本上都需要望远镜，但仍有几对罕见的双星可以用肉眼分辨。北斗七星中的开阳和开阳增一就是这种情况。两颗星之间的距离相当于满月直径的三分之一，开阳增一的亮度相当弱，必须有比较好的视力才能将它分辨出来。这两颗相互吸引的恒星相距0.5光年，距离地球80光年。

开阳和开阳增一的特写

放大率

最大 × 2

强 × 1

中 × 1/2

弱 × 1/4

滤镜

变星眨了眨眼

变星通过周期性地改变其亮度，在天空中发出信号。变星们眨眼的机理大相径庭。

一个平衡的问题……

巨星们只能通过惊人的搏动保持自己的平衡，这是由于其大气层吸收了核心产生的一部分辐射。这种超压力使巨星过热并膨胀❶，而这一膨胀又导致了其自身的冷却和收缩❷。然而，大气层并未因此而变得更加透明，这样的循环周而复始！其持续的时间从几天到几年不等。此外，这样的波动可能很有规律或者正好相反——乱得一塌糊涂。

……或者一场捉迷藏

变星的另一大类是那些伴星从它前面经过导致其亮度一下子降低的星星。这些“食”变星实际上只是那些彼此很近的双星，其轨道平面正好与我们的视线平齐。

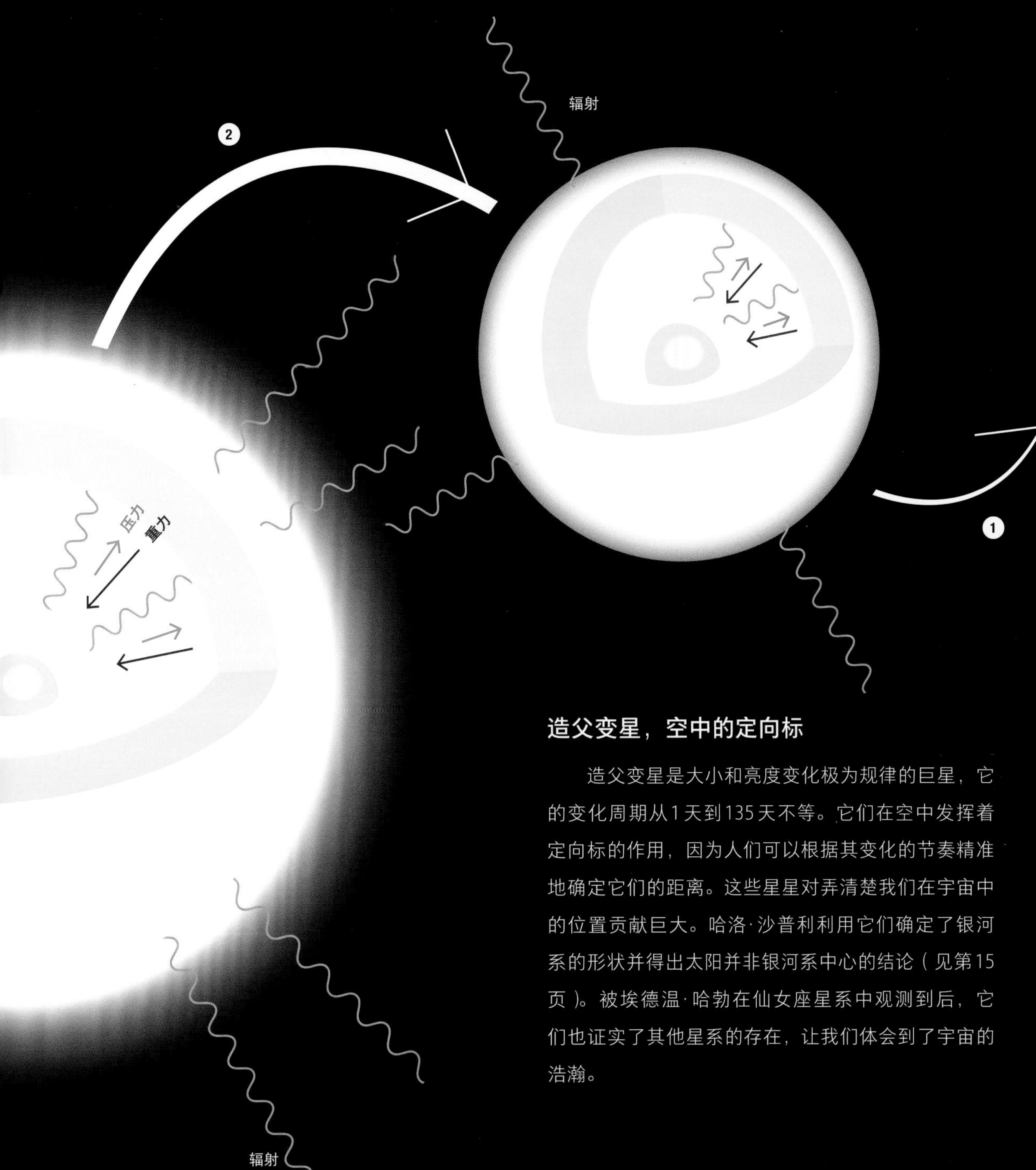

造父变星，空中的定向标

造父变星是大小和亮度变化极为规律的巨星，它的变化周期从1天到135天不等。它们在空中发挥着定向标的作用，因为人们可以根据其变化的节奏精准地确定它们的距离。这些星星对弄清楚我们在宇宙中的位置贡献巨大。哈洛·沙普利利用它们确定了银河系的形状并得出太阳并非银河系中心的结论（见第15页）。被埃德温·哈勃在仙女座星系中观测到后，它们也证实了其他星系的存在，让我们体会到了宇宙的浩瀚。

Q&A 通过观测哪个星系，我们确立了造父变星的周期和亮度之间的关系？

大麦哲伦星系。20世纪初，美国天文学家亨丽埃塔·勒维特（Henrietta Lewitt，1868—1921）在该星系观察到好几颗变星。她观察到越明亮的星也恰好是那些周期最慢的星。

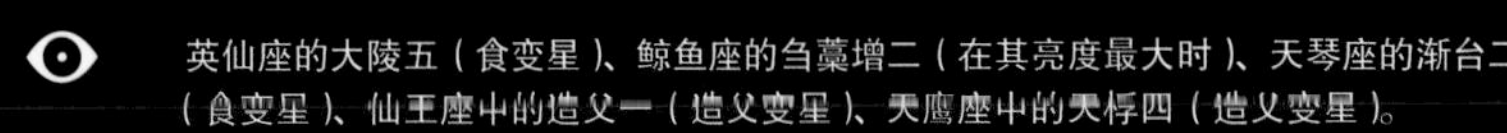

英仙座的大陵五（食变星）、鲸鱼座的刍藁增二（在其亮度最大时）、天琴座的渐台二（食变星）、仙王座中的造父一（造父变星）、天鹰座中的天桴四（造父变星）。

可以比肉眼更准确地跟踪明亮的变星、天琴座RR变星（短周期时），以及大量已知的变星。

对初次涉足此领域者，天文望远镜并非必备之物（会导致视野受限，不利于比较相邻星辰的亮度）；然而，我们可以通过天文望远镜观测到无数亮度较低的变星，尤其是碳星（呈现壮观的红色）。

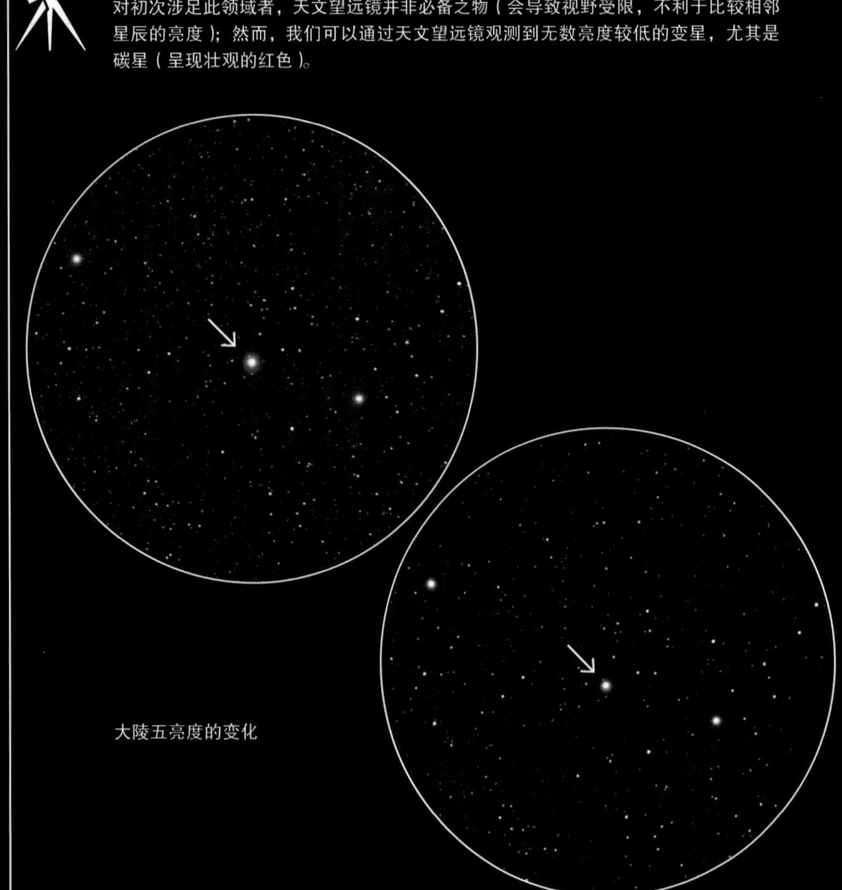

大陵五亮度的变化

何时观测

全年

79颗变星的名单

http: //www.astrosurf.com/luxorion/varialbles-liste.htm

何地观测

大陵五，令人战栗之星

大陵五乃“食”变星之首。埃及人很早就注意到这颗肉眼可见的星星在有规律地改变亮度。由于当时的人们认为天空是静止不动的，这种令人忧心的闪烁让他们把这颗星比作美杜莎女妖的眼睛——谁看它一眼就会被变成石头！星食每隔2天21小时发生一次。大陵五会在5个小时内失去三分之一的亮度，星等从2到3.5，然后在相同的时间内重新获得原来的光彩。其亮度的变化也可以通过参照相邻的仙女座的天大将军一（星等恒定为2）观察到。

英仙座中的
大陵五（箭头所指）

刍藁增二，奇妙之星

奇妙的刍藁增二被发现于文艺复兴时期，当时天空中的变化比古典时期更容易观察到。该星系是亮度周期变化的红巨星的代表，太阳将在结束生命的时候变成此类天体。刍藁增二的最高亮度和最低亮度之间的周期为332天。它是仅有的几颗在其最亮（星等在3左右）的时候肉眼能够观察到的星星。最亮的时候最好是在北半球的秋季或冬季观察，因为鲸鱼座此时的亮度最高：2020年前后几年都是这种情况。

天文望远镜中的刍藁增二

放大率

最大 × 2

强 × 1

中 × 1/2

弱 × 1/4

滤镜

星云——恒星诞生之地

制作恒星的秘诀极为简单：取一团氢气和一团氦气，摇一摇，你很快就能得到一个热气球。当气球开始发光时，恒星就制作完毕啦！

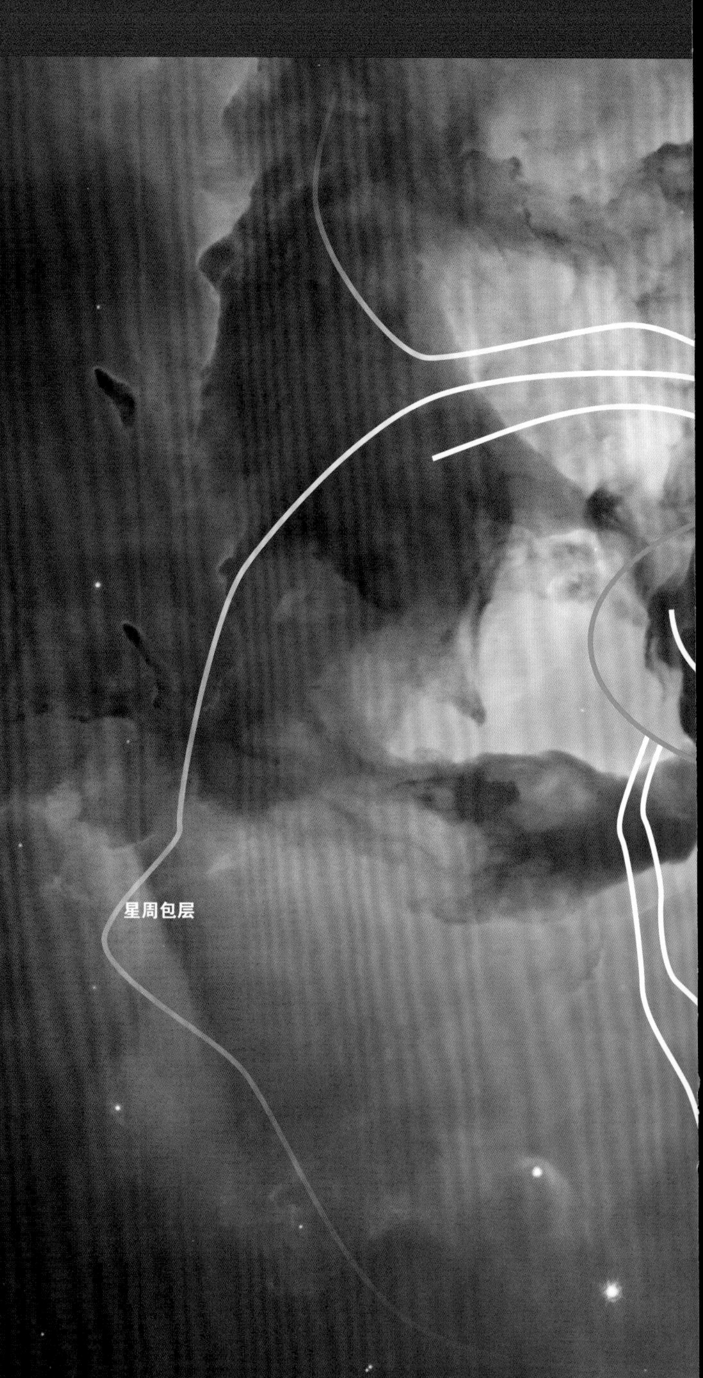

一颗恒星诞生了……

恒星出生在星系内部宽广的气体和尘埃云之中。引力和气流使这些气态星云坍缩成许多小小的球体，它们后来都成了原恒星。这些球体在引力将物质快速推向其核心时不断地升温。如果温度达到1 000万摄氏度，氢核将开始融合，这些小球体就变成了恒星。

……和一团会发光的云

当一团气体变成几颗硕大的恒星时，一个令人震惊的现象发生了：这些庞然大物的紫外线辐射会激发星云中的原子，星云会开始发光。这种荧光现象遵从量子力学定律：它只在精确的波长下发生，使得本页背景图的美丽色彩成为可能。几百万年之后，巨星就会衰老，不再有辐射星云的能力，星云也被自身强大的风力吹得更加四分五裂。

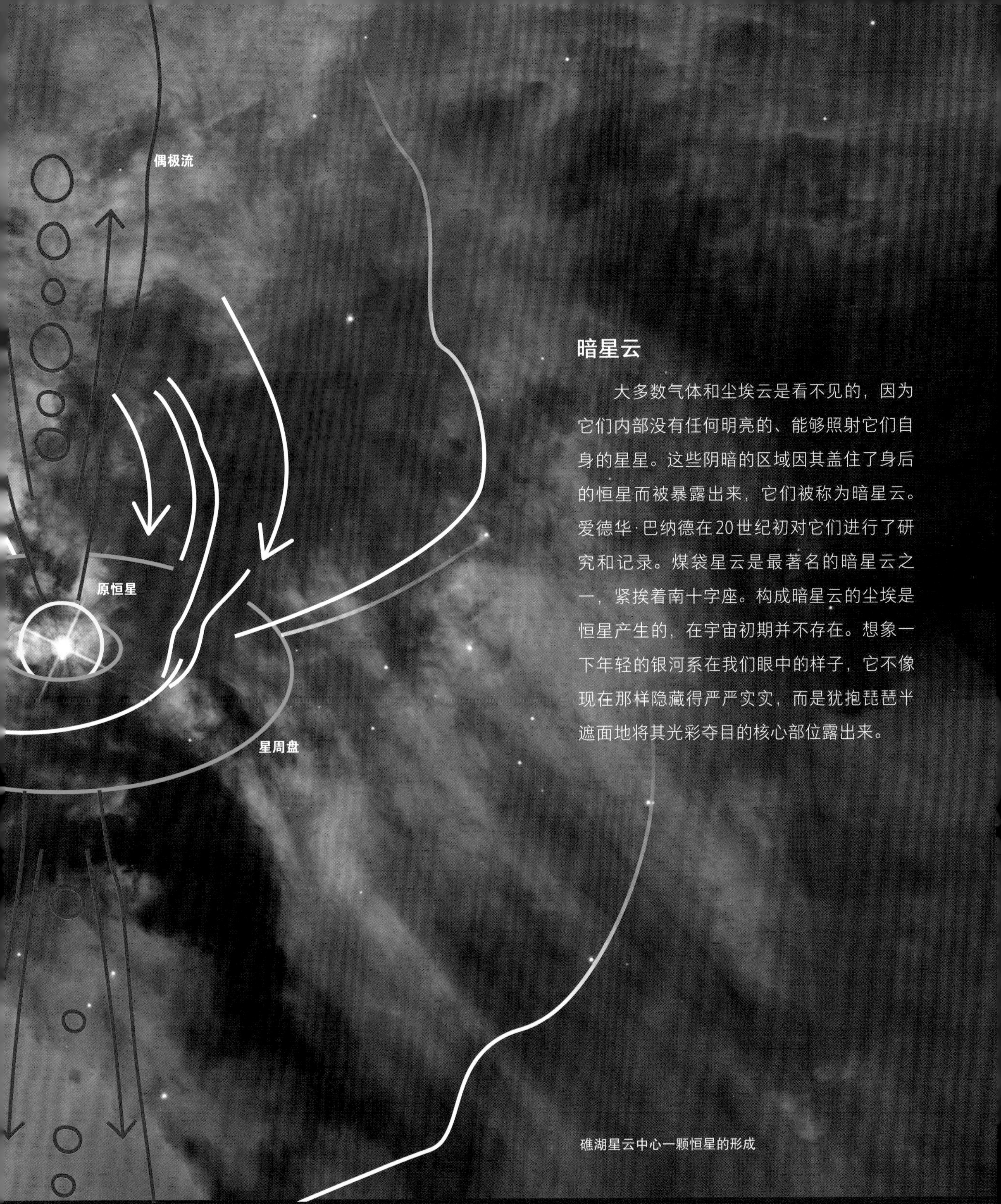

暗星云

大多数气体和尘埃云是看不见的，因为它们内部没有任何明亮的、能够照射它们自身的星星。这些阴暗的区域因其盖住了身后的恒星而被暴露出来，它们被称为暗星云。爱德华·巴纳德在20世纪初对它们进行了研究和记录。煤袋星云是最著名的暗星云之一，紧挨着南十字座。构成暗星云的尘埃是恒星产生的，在宇宙初期并不存在。想象一下年轻的银河系在我们眼中的样子，它不像现在那样隐藏得严严实实，而是犹抱琵琶半遮面地将其光彩夺目的核心部位露出来。

礁湖星云中心一颗恒星的形成

Q&A 你能想象一只灌满整个星云之气的顶针中所含的原子数量吗？

可能只有不到1000个原子。作为对比，同样一个充满空气的顶针大概会有1000万亿个原子！

几块隐约可见的星云：礁湖星云（M8）、猎户星云（M42）、海山二（位于南半球）、烟斗星云。

M8、M42星云清晰可见，在完美的天气条件下可以观察到非常大的星云：北美星云（NGC7000）、玫瑰星云（NGC2244），在夏天可以观察到银河系附近的巴纳德星表中的暗星云。

L60

辨认出亮星云的形状：礁湖星云（M8）、ω星云（M17），M42星云呈绿色。

天文望远镜中的M16

T115

甚至可见中对比度的星云的轮廓：M78、哈勃变光星云（NGC2261），一块墨污（巴纳德86暗星云）。

T200

尘埃带：鹰状星云（M16）、三叶星云（M20）、玫瑰星云（NGC2238），某些星云的色调（M20的北边部分），呈蝙蝠形状的墨污。

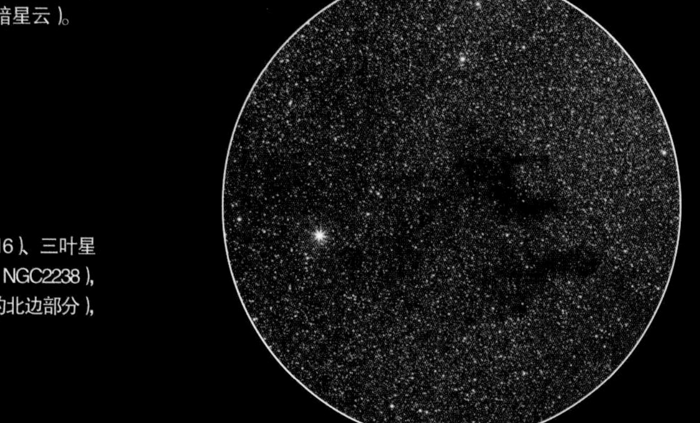

双筒望远镜中的巴纳德142和143

何时观测

何地观测

全年

夏季和冬季天空中的星云较多

肉眼中漫漫无际的暗星云

烟斗星云是已知最宽阔的恒星际尘埃云之一。在乡间无云的天空中，它在银河前宛如中国水墨画中的阴影一览无余，下图是横向的烟斗把和从烟斗里升起的袅袅轻烟。这一区域与银河闪耀的星云比起来有些阴郁，但它其实是在等待着发光的时刻。实际上，天文学家们探测到这朵星云已开始坍缩、升温，从现在开始几百万年内，这一区域定将成为广阔的群星闪烁的星云地带。

延时曝光的烟斗星云

天文望远镜中的星云
（IC2944 地区）

猎户座星云的色彩

我们的眼睛在晚上对色彩的辨认能力不佳，大多数星云在望远镜的目镜中呈现的是蓝灰色。猎户座大星云的对比度非常强烈以至于此项规则对它并不适用：在一架小望远镜里，用最弱的放大率，可以观察到出人意料的绿色。这一色彩来自星云中的氧。氢在星云中更为丰富，但它的光芒是红色的。我们的眼睛在夜间对其波长不敏感，但照片可以记录下所有这些壮美的色彩。

放大率

最大	× 2
强	× 1
中	× 1/2
弱	× 1/4

滤镜

星团——群星云集之地

某些恒星共同生活并且组成了真正的集团，其分类依据是星星的密度：一类是恒星数量稀少的疏散星团，另一类是恒星数量多得多的球状星团。

星团的诞生相同……

恒星从氢云的坍缩中成群结对地诞生。几十亿年前，银河系中充斥着这样的气体，数以万计的恒星得以同时形成：球状星团应运而生。这些星团是如此巨大，以至于它们呈球状并在银河系中独自运行。如今氢的储量明显下降，只能同时形成几百颗——最多几千颗——恒星：这些小规模的星团就是疏散星团。

巨大的蜘蛛星云中的R136星团，右图以壮观的方式展现了恒星是如何成群结队地诞生的

……但它们的命运各异

在一个星团中，恒星的数量相当大且彼此相近，引力的作用使得它们聚集在一起。但是，这些天体在星系中心运行时会受到干扰，引潮力不顾一切地想要拆散它们。星团生存的关键在于其自身的密度，密度越大的星团越有能力抵抗引潮力。球状星团能够安然无恙地存活几百亿年，而一个普通的疏散星团的寿命只有它的千分之一。太阳年轻时也属于一个疏散星团，然而现在要想追溯它的兄弟姐妹，已经为时过晚。

生活在球状星团之中

在球状星团里，恒星成堆地挤在一起，就像在碰碰车游乐场。因此，围绕着这些恒星运行的行星有时会面临被抛出轨道的危险，行星上的居民们生活在危险之中。作为补偿，它们布满星星的天空像仙境一般美丽，成百上千颗恒星相依相偎，发出耀眼的光芒，一如我们天空中的金星那样璀璨。可惜的是，这类行星的天空太亮了，以至于无法分辨银河系和其他星系。对于球状星团的居民来说，它们所处的星团就是整个宇宙！

Q&A 1974年，人们通过阿雷西沃射电望远镜向哪一个星团发出了信息，试图寻找可能存在的星外文明？

向武仙座球状星团，即M13。这可是[illegible]！如果外星人收到这条信息，即使他们的回答以光速返回，我们也只有在50 000年后才能听到。

毕（宿）星团、昴星团、被压扁但不清晰的英仙座双星团、蜂巢星团（M44）。

几个大疏散星团中的恒星（昴星团、玫瑰星云、英仙座双星团、M44、M47），梅西叶星云星团表中所有的疏散星团和球状星团可见但不清晰。

L60

梅西叶星云星团表中的部分疏散星团（M23、M25、M36、M38）清晰，不少球状星团（M3、M10、M13、M15）的中心亮度增强。

天文望远镜中的M13

T115

清晰度大为增加的梅西叶疏散星团（M11、M37、M46、M52），可分辨大球状星团的轮廓（M3、M5、M13、M22）。

天文望远镜中的英仙座双星团

T200

星云星团新总表中的疏散星团(NGC 7789）清晰可见，可分辨大球状星团中心的恒星，可见到距离我们较远的球状星团（NGC2419：游走于星系之间的流浪汉）。

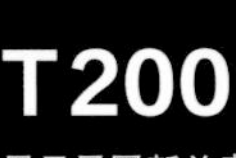

全年
夏季和冬季天空中的疏散星团较多时
夏季天空中球状星团较多时

昴星团

昴星团主要的5颗恒星看起来像一只小熊，即使在城郊明亮的夏季星空中也可以用肉眼看到。当夜色较深、能见度极佳时，我们可以辨认出根据神话中“七姐妹”以及她们的父母阿特拉斯和普勒俄涅的名字命名的9颗星。这个星团在双筒望远镜中看起来十分亮丽，闪亮的恒星在较暗的恒星的衬托下显得更为突出。昴星团有1亿岁了，有1 000颗恒星——它们会在25 000万年内完全扩散到太空中。环绕在这一星团周边的蓝色星云状物质是偶然与星团相遇的，因为赋予其生命的星团很早就被吹没了。

天文望远镜中的昴星团

大熊星座-恒星星团

北斗星属于天文学家所说的大熊移动星团。这是一个有大约15颗恒星的集团，诞生于约5亿年前，在一个疏散星团之内终其一生。星团以完全散落告终，但它的恒星保持了一定的整体运动：全体以同样的速度向人马座移动。它们之中的大多数相距80光年。鉴于这一固有的运动，大四轮车[①]的画面昙花一现：从现在起的1万年内它将变得面目全非……这对于宇宙来说，只不过是沧海一粟。

① 北斗星，在法语中被称为le Grand Chariot（大四轮车）或La Casserole（平底锅）。——译者注

肉眼中的北斗星

当恒星死亡时

恒星的死亡就像一场焰火。在死亡的过程中，恒星在太空中播种下它们创造的原子这些生命的种子孕育了其他恒星和行星……也孕育了我们这些星星的孩子。

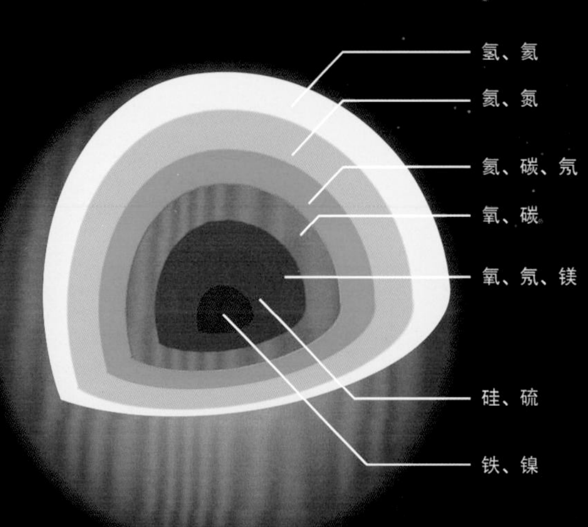

氢	15 000 000℃	→	形成的元素：氦
氦	100 000 000℃	→	形成的元素：碳、氧
碳	1 000 000 000℃	→	形成的元素：碘、镍、锰
氧	2 000 000 000℃	→	形成大量元素：硅、磷、硫、氯……
硅	3 000 000 000℃	→	形成的元素：元素周期表的第26个元素铁之前的其他所有元素

普通恒星的缓慢死亡……

临终前，恒星将其核心的氢消耗殆尽，但还可以通过燃烧它制造的氦苟延残喘一些时日。可以后该怎么办呢？如果它的体积比8个太阳还小——即在绝大多数情况下，核反应就此停止，这颗星星处于心跳停止的状态。与此同时，星星炽热的大气层强烈地痉挛不止并扩散到太空中。这些气体还要受到残星心脏的辐射：一片行星状星云即将形成。恒星的核心变成了白矮星，缓慢地冷却，最终完全熄灭。

……大质量恒星的灾难性结局

当大质量恒星死亡的时候，它的心脏不会骤然停止跳动，反而会超速运行。在越来越短的周期内，这颗心脏不停地升温，并引发各种重金属元素的聚变。恒星大气层像洋葱一样。灾难发生于最稳定的元素铁发生聚变时。这个反应不释放热量，却消耗热量，导致恒星无法平衡自身的引力：短短几秒钟之内，整个恒星坍缩。物质冲撞核心，以前所未有的猛烈程度反弹。由此导致了可怕的大爆炸，即超新星大爆炸。那些质量最大的恒星的核心能够变得非常紧密，引力大到光线也无法通过，这样它就变成了黑洞。

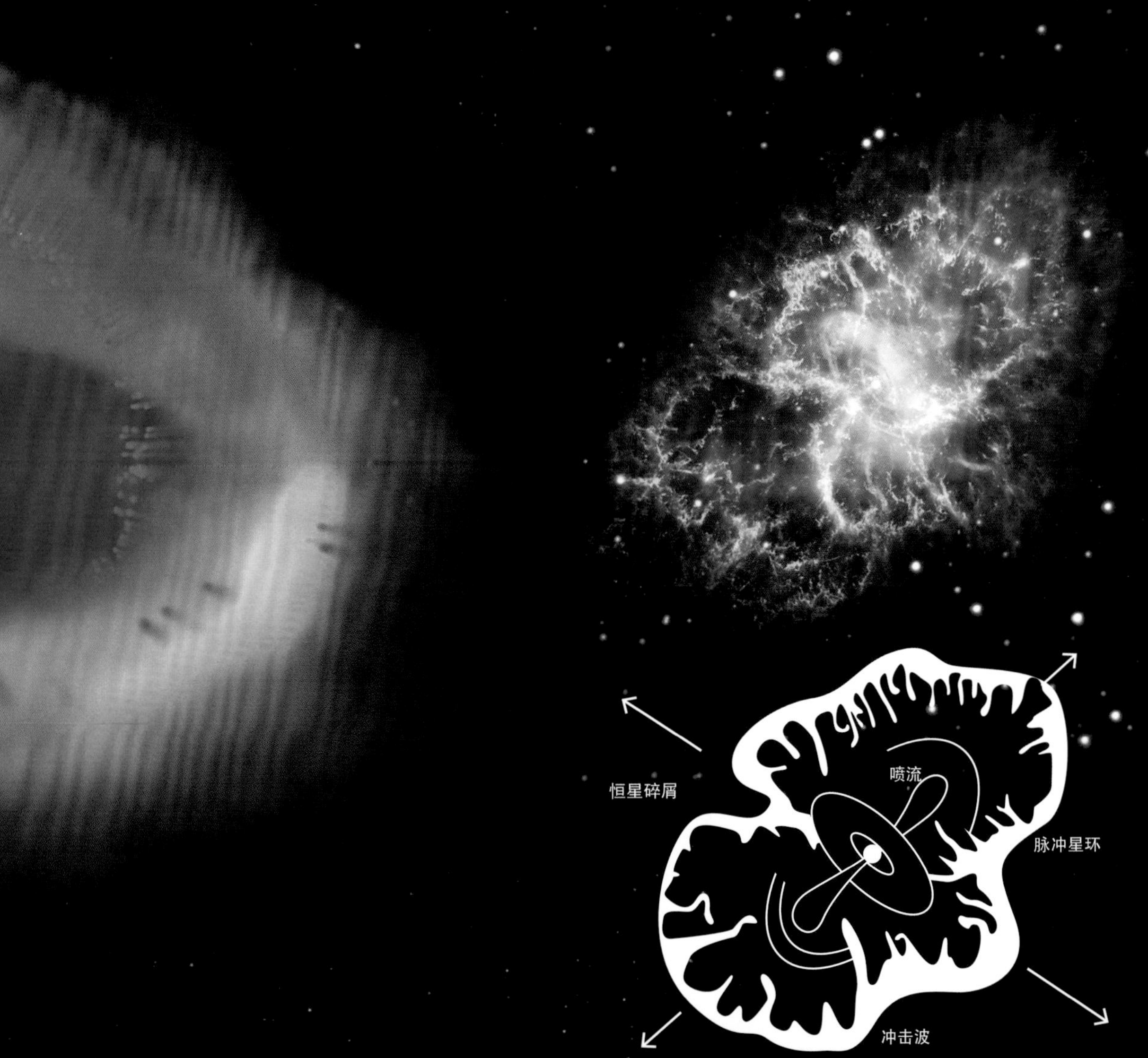

Q&A 太阳的寿命已经过半，人类还能在阳光下生活多久呢？

从现在起，太阳将在50亿到60亿年内将其大气层消耗殆尽，变成一颗白矮星，终结自己的生命。不过，我们无法确定人类是否也能将地球保存同样长的时间。

看不见行星状星云，也看不到超新星遗迹。

哑铃星云(M27)、天色较黑时可看到天鹅座的花边(NGC6960-6962，超新星遗迹)。

L60

蟹状星云(M1、超新星遗迹)、行星状星云M27(哑铃星云)和M57(天琴座环状星云)。

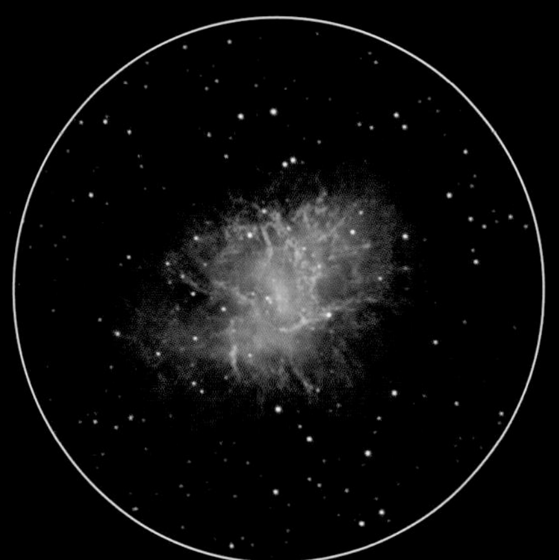

天文望远镜中的M1

T115

螺旋星云(NGC7293)、夜枭星云(M97)、M27和M57星云的结构、小行星状星云(翡翠石星云(NGC6572)、土星星云(NGC7009)、猫眼星云(NGC6543)爱斯基摩星云(NGC2393)。

T200

小行星状星云呈蓝绿色、土星星云的外延、位于螺旋星云中心的白矮星、天鹅座花边中的纤维状物质。

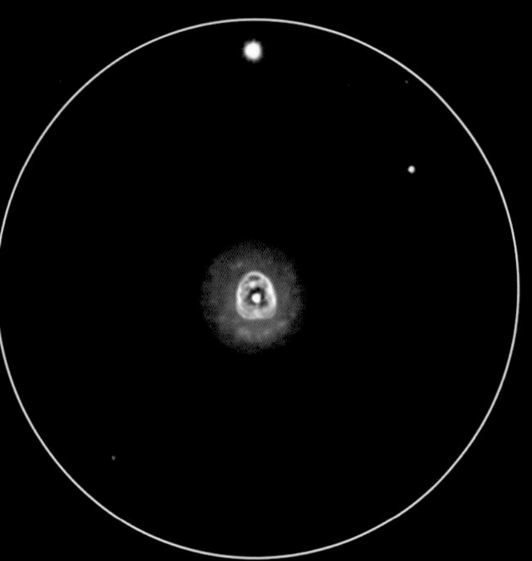

天文望远镜中的NGC2392

何时观测

全年

何地观测

天琴座环状星云

天琴座环状星云M57是最具代表性的行星状星云之一，也是最容易观测的星云之一——人们甚至可以在城郊的空中将其辨认出来。这个星云大约位于天琴座四边形南面的两颗恒星之间。用60毫米折射望远镜能看得很清楚，用100毫米反射望远镜就能够看清其环状结构。在其中发出微光的白矮星只能通过大型天文望远镜在大气湍流较弱的条件下看得到。其表面温度接近100 000摄氏度！

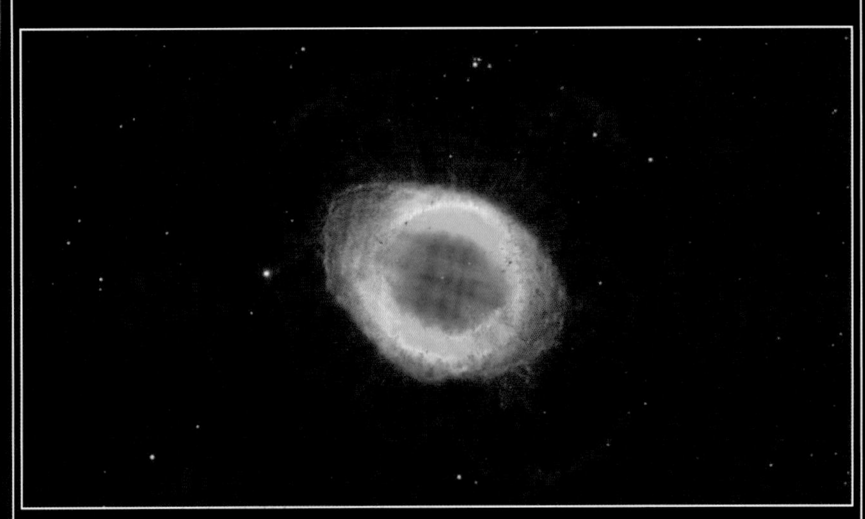

哈勃望远镜中的M57

蟹状星云

M1星云是1054年由中国人观察到的超新星残骸，当时它非常明亮，连续两年都能用肉眼直接观察到。爆炸的结果是一片以每秒1 500千米的速度蔓延开的脉冲星风云，业余爱好者的照片甚至也可以揭示这一快速扩张的情景。M1星云在60毫米折射望远镜中是一片轮廓清晰的灰色小云彩，位于金牛座南头角的上方。100—200毫米反射望远镜揭示了它的S形。然而，使这朵星云获得其别称的丝状物只能透过更为强大的望远镜的目镜观察。

天文望远镜中的星云
（NGC7293地区）

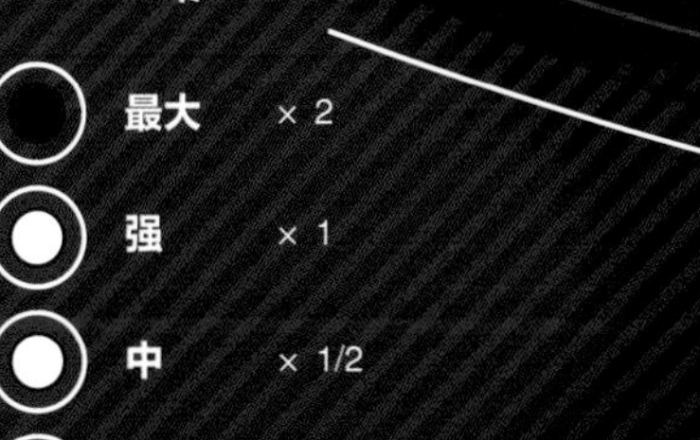

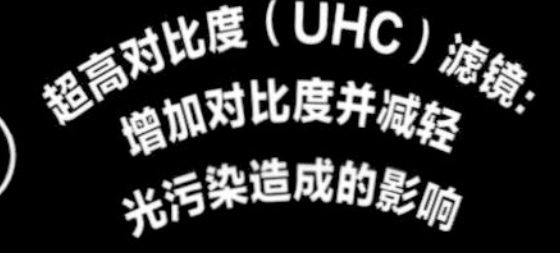

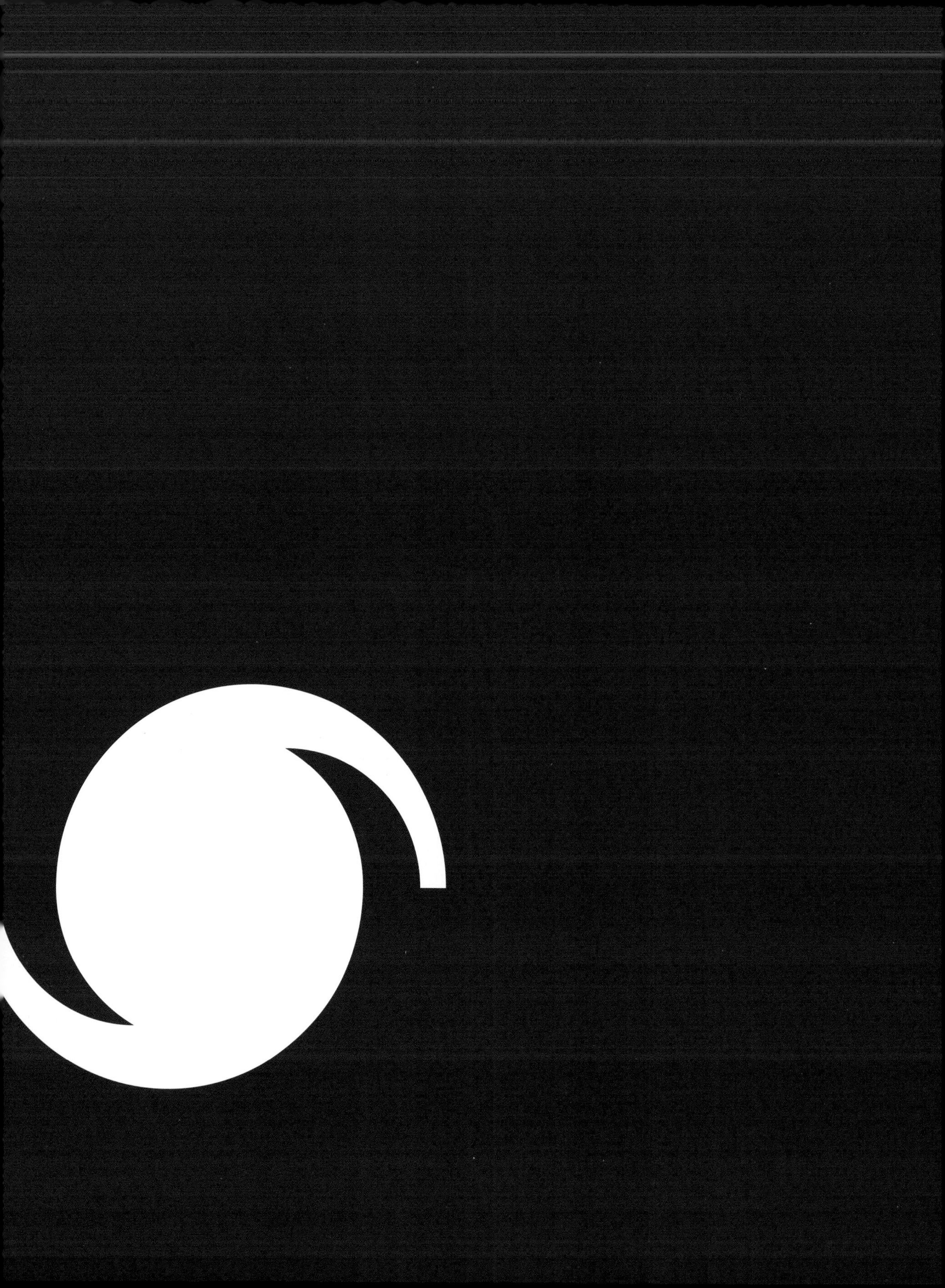

第六章

通往其他星系之路

星系是宇宙中的城市，其中麇集着数十亿颗星星。然而，这些星星距离我们极为遥远，以至于星光在经过几百万甚至几十亿年的长途旅行到达我们这儿后，我们只能观察到微弱的光亮。无论如何，我们还是要尝试破译这点微光，因为一旦破译成功，我们就弄清楚了整个宇宙的构造。

银河系——我们的城市

尽管从内部研究星系是件难事，但我们对银河的理解仍在不断加深。亚里士多德将银河解释为一种大气现象的时代已经离我们很遥远了……

旋涡星系的内部……

银河系是一个极为广阔、直径达100 000光年的旋涡星系。从位于银河系内部的地球眺望楼观察，我们看到的银河系十分特殊：它形成了一条气带，将整个天空包围起来！这条发着微弱光亮的围巾由2 000多亿颗星星构成，几乎所有的星星都非常遥远，肉眼无法看见。只有其中的6 000颗（南北两极都算在内）可以用肉眼在漆黑的夜空中分辨出来。我们观察到的银河形状使我们对银河系的螺旋臂(即由恒星构成的S状区域)的研究复杂化了。我们在所有旋涡星系中都能发现类似的S状区域。

……处在不间断的演化之中

银河系诞生之初更像一个球状体，它可能在大约90亿年前变成了扁平状。在那个时候，银河系含有大量气体，恒星以比现在快100倍的速度诞生，而现在每年只有四五颗恒星诞生。这些明亮的初生恒星足以让银河系的螺旋臂着上蓝色。50亿年后，银河系将不再产生星星。那时，它将变得通体发黄，就像核球一样（见第155页）。

被截断的螺旋体

1991年，一个天文学团队发现我们的银河系不是一个简单的螺旋体，在其核球的两侧分别有一根由恒星组成的短棒。大约15年后，斯皮策卫星用红外线观测证实了这一假设，并且发现这条短棒比假设中的更加凸出。原来我们生活在一个棒旋星系中，这可是最美的一种星系呀……遗憾的是，我们无法飞到银河系外部去欣赏它！

2018年春季公布的由盖亚天文卫星拍摄的银河系的画面达到了前所未有的清晰度，据统计，银河系里有17亿颗星星

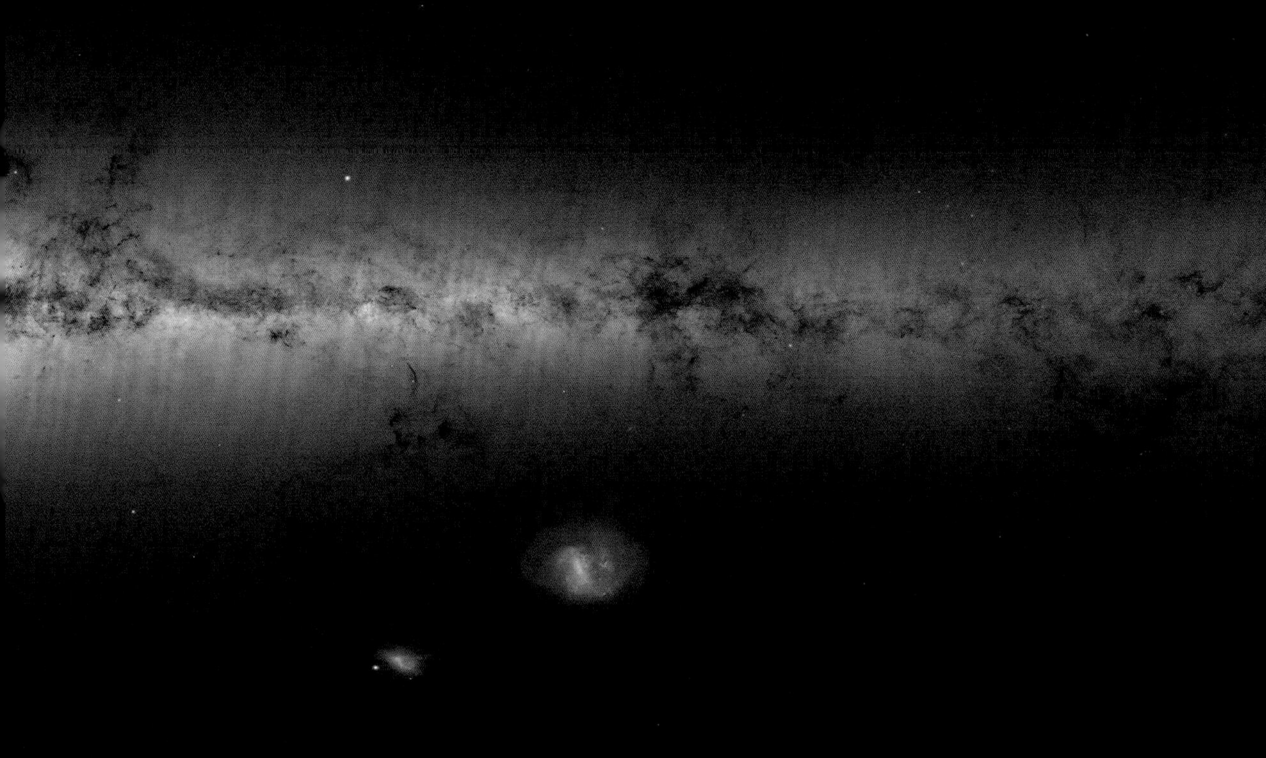

Q&A 哪位天文学家第一次观察到了银河系中的星星（这些星星太暗了，无法用肉眼看清）？

当然是伽利略了，1610年他用天文望远镜完成了这一重大的发现。

远看

夏季和冬季可以看到整个银河（冬季更暗一些）。

夏季壮丽的银河系云。

L60

冬季可分辨出银河系部分区域的星星（200 000颗）。

T115

明亮的银河系，可以分辨出银河系中更多的星星（100万颗）。

T200

暗云和亮云泾渭分明、银河系中数不清的星星（2 000万颗）。

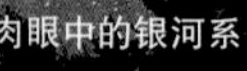

肉眼中的银河系

何时观测

全年

沉浸在夏季的银河系之中

夏季乡间的夜晚，当空中没有月亮的时候，请平躺在田野上。一旦你的眼睛习惯了周围的环境，你会对看到的银河系感到吃惊。这条天河如同传说所述，源自北方，流向仙后座的“W”处。银河系在夏夜大三角处一分为二，因为一条大尘埃带遮住了我们的一部分视线，这就是大暗隙。最终，银河系继续向南流淌，在抵达位于其核心的人马座时变得特别明亮。

银河系的核球

在银河系平面上，尘埃云让我们看到一片昏暗，甚至通过最强大的望远镜也不能观察到银河的心脏，而理论上银河心脏的亮度可能和新月一样。银河系的核球——即围绕其中心、有着数百万颗闪烁星光的广阔球形区域，反而摆脱了这种遮蔽。在人马座中，银河系的核球用肉眼看是一大片发光的云。你想将几百万颗星星一览无余吗？那就将强大的望远镜对准这一区域，你会目瞪口呆的！

双筒望远镜中的银河系

天文望远镜中的银河系核球

放大率

最大 × 2

强 × 1

中 × 1/2

弱 × 1/4

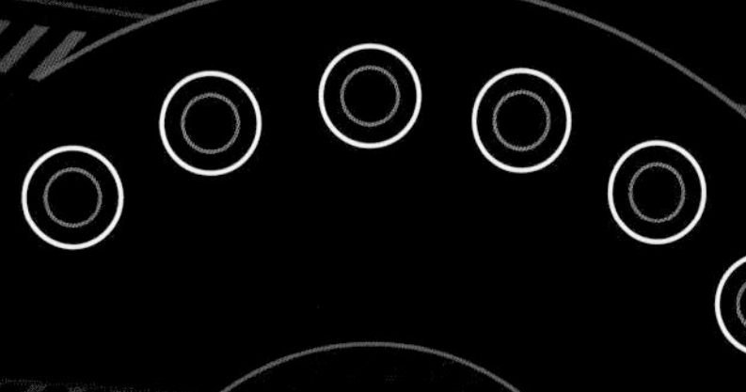

仙女座——我们的大邻居

要到达最近的旋涡星系，我们需要250万光年的时间。瞧，现在抵达我们这里的光线可是南方古猿还在的时候发出的！

一个广阔的星系……

M31星系，即仙女座星系，是银河系的大姐姐：她的个头比银河系大一倍，星星的数量也多一倍。与银河系不同的是，仙女座星系没有短棒：它只是一个普通的螺旋体。然而，它中心的黑洞异常巨大，这个黑洞的质量是太阳的2亿倍！

……在本星系群的中心

仙女座星系和银河系是一个有至少60个由引力维系在一起的星系群——本星系群——的主要成员。这个星系群延绵1 000万光年。本星系群的大多数成员是矮星系，它们要么在围绕银河系的轨道上运行，要么在围绕着仙女座星系的轨道上运行。

M31冲过来了！

尽管宇宙在不断膨胀，主宰星系群的引力仍可以令恒星相遇甚至相撞。M31星系正是像这样以100千米/秒的速度冲向我们，并且会在30亿年后和我们迎头正面相撞。届时这些星系的居民不会面临什么风险，他们甚至还会在空中看到令人窒息的美景——两条银河像明亮卷曲的纱巾一样舒展飘逸。

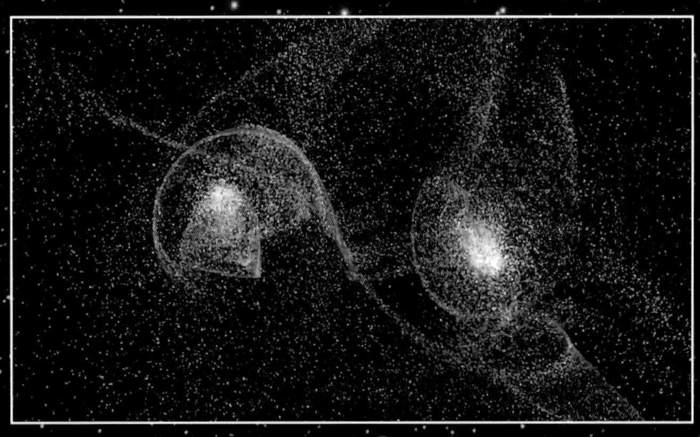

Q&A 是谁首先测出了仙女座星系的距离，并得出该星系非常遥远因而不属于银河系这一结论的？

是埃德温·哈勃，他在观测到造父变星一类的星辰后知道了仙女座令人难以置信的遥远距离。

远看

巨大的弥散点、郊区的空中可见密实的圆形核球。

夜空中壮丽的圆盘，角直径为3°，相当于6个满月首尾相连的长度。

L60

被压扁的圆盘、更明亮的核球、一个邻近的卫星星系（M32）。

T115

小星系核、椭圆形的核球、一条尘埃带、两个形状不同的卫星星系M32（圆形）和M110（椭圆形）。

T200

定时闪亮的星系核、不规则的核球、两条尘埃带、圆盘边缘的结节（特别是NGC206星团）。

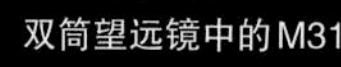

双筒望远镜中的M31

何时观测

秋季

何地观测

倾斜的螺旋盘

在天空中观察我们的大邻居，可看到其四分之三的轮廓，其圆盘明显地拉长了。用肉眼看很清楚！这样的倾斜程度使我们可以用望远镜观察到遮盖了圆盘的尘埃云，但螺旋臂反而变得不如从正面观察时易于辨认了。天文学家仍然成功地确定了它是一个臂膀展开幅度很小的SAb星系（见第160页）。仙女座星系巨大的纺锤在锐利的双筒望远镜中看起来是最美的，因为光学望远镜一般情况下无法将其完整地展示在视野中。

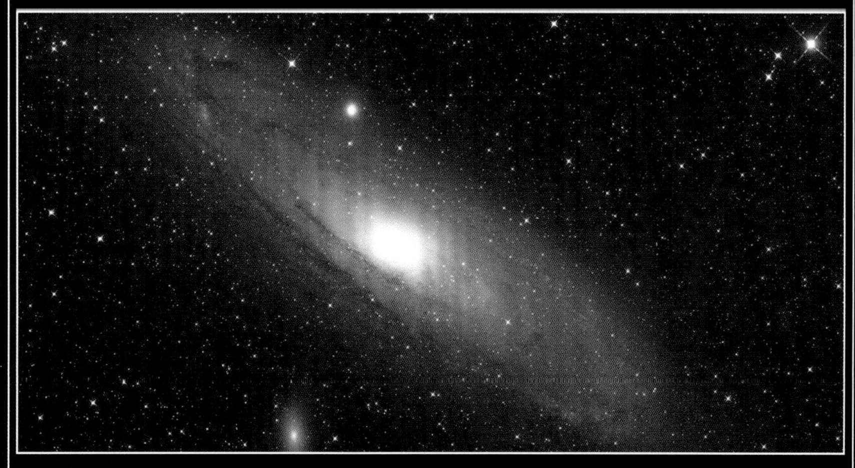

天文望远镜中的M31

哈勃望远镜中的M31

卫星星系

在20来个卫星星系中，有两个看起来紧靠着仙女座星系。这是两个形状不同的矮椭圆星系，M32的形状接近正圆，M110则更扁。第一个在双筒望远镜中似隐似现，第二个要在天黑的情况下用100毫米望远镜才能观察到。M110的宽度达12 000光年。该星系拥有与其大邻居互动后产生的年轻恒星。M32的体量仅为它的一半，可能是一个2亿年前经过仙女座时星盘被剥离的古老旋涡星系。

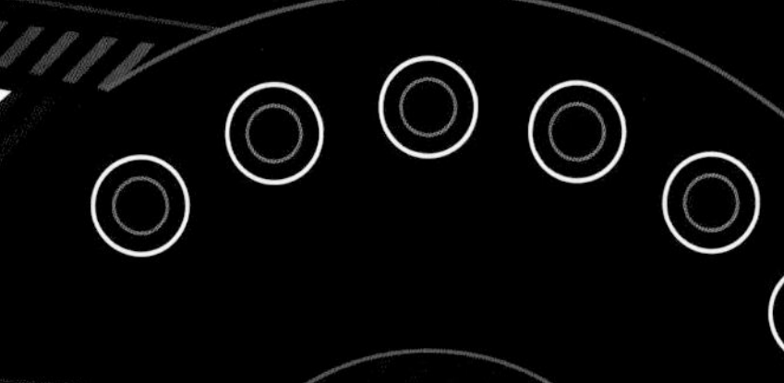

各种形状的星系

星系的形状各异，而且不是固定不变的。这些巨大的恒星群不断地变换形状，随着与邻居们的交互运动或相撞变得更大或者消失。

不规则的……

大多数星系还没有大到能拥有一个固定的外形，因而被称为不规则星系。给你们提供一个这类星系数量的概念吧！仅在银河系的周围，就有至少约十来个在轨运行。这些矮星系有时候会被更大的星系完全吞噬。

旋涡形的……

最复杂的星系是旋涡星系。由于转速的原因，旋涡星系被压扁，根据螺旋臂的弯曲程度以及是否有短棒来分类：三分之二的旋涡星系都有短棒，但有时不容易被观察到。令人惊诧的是，螺旋臂不如其中的恒星转得快。

……还有椭圆形的

椭圆星系包括或多或少近似圆形、双面凸透镜形或者椭圆形的星系。在星系团的中心有许多这类星系，它们均为几个旋涡星系融合的结果。这些星系中已经没有氢气了，因此也无法产生恒星：它们看起来都是黄色的。

不断变化的特性

一个星系一生中保持同样的外观是极为罕见的。环绕银河系运动的麦哲伦星系本是古老的棒旋星系，在银河系的牵扯下变成了不规则星系。至于我们的银河系，将在与庞大的邻居仙女座星系融合后变成椭圆星系——谁说过天空是永恒不变的？

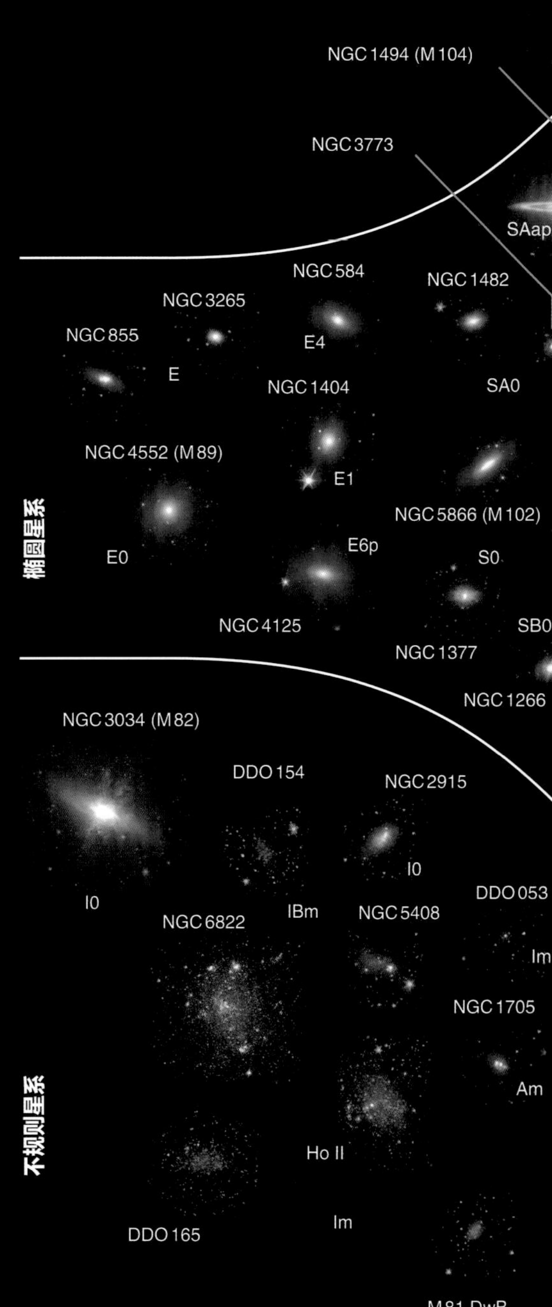

NGC（全称为New General Catalogue）星云星团新总表，是业余天文学中最广为人知的太空天体目录之一。它共有7 840个天体，这些天体被称为NGC天体。——译者注

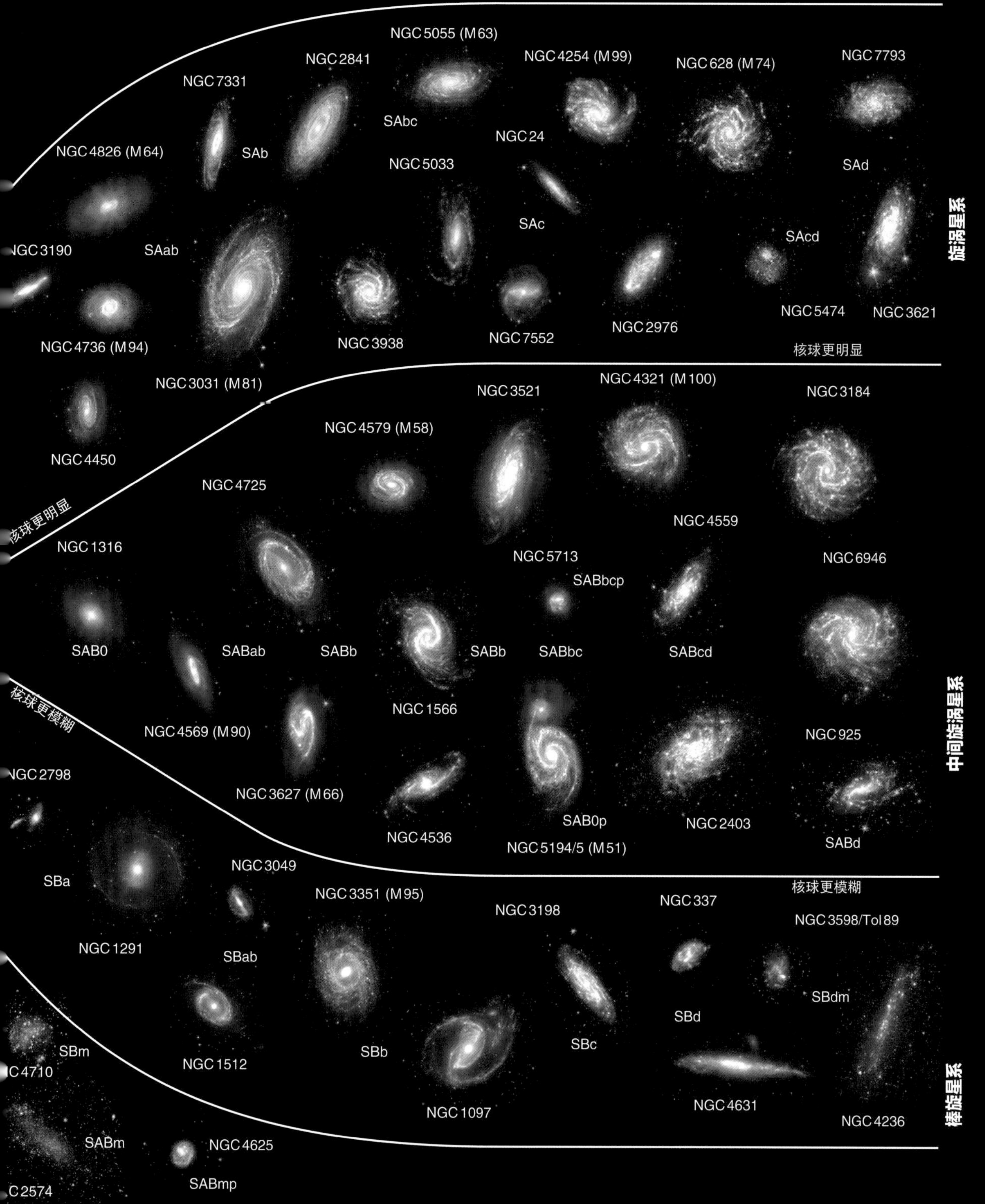

Q&A 拥有长纺锤形外观的星系是否都是被压扁的椭圆星系？

不是，星系可能在宇宙中处于任何方向，它们有可能是从侧面观察到的旋涡星系，可以通过它们将核球一分为二的尘埃带辨别。

麦哲伦云的形状（南半球）、被压扁的M31（见第157页）。

M31和M33在方向上的区别、麦哲伦云的结构。

L60

梅西叶星云星团表中椭圆星系和旋涡星系外观的区别、该表中几个旋涡星系方向的区别。

T115

梅西叶星云星团表中星系方向的区别及它们的核球。

T200

梅西叶星云星团表中亮星系的结构、星云星团新总表中许多星系外观和方向的区别。

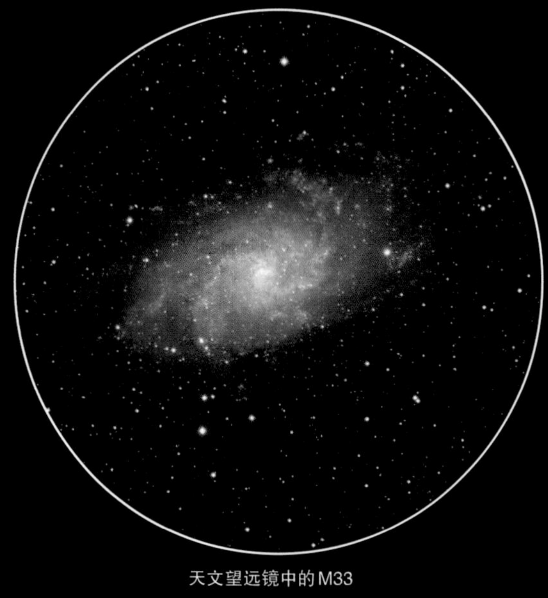

天文望远镜中的M33

何时观测

全年

何地观测

旋涡星系与不规则星系：M81和M82双星系

想用望远镜在同一视野中见识到两种不同的星系，就请在大熊星座与M81和M82约会吧！在一架小型望远镜中，前者出现时是一个传统的旋涡星系，有着美丽的椭圆轮廓，而后者像一个不规则的纺锤，从北延伸向南。M82——即雪茄星系，也会喷发大量的气体，它是两个6亿岁的星系相互撞击的结果，这一撞击影响至今。

广角视野中的M81–M82双星系

椭圆形：阔边帽星系

最令人吃惊的椭圆星系之一是阔边帽星系M104。这一拥有万亿颗星辰的庞然大物可能因旋涡星系的融合而生，其巨大的尘埃圆盘已证明了这一点。这个明亮的星系在双筒望远镜中清晰可见，位于一座由星群组成的小型埃菲尔铁塔的塔尖。出现在80毫米望远镜中的是其椭圆的外形，但难以观察到它的吸收带，至少要用200毫米望远镜才能分辨出该星系核球周围的皱褶。

天文望远镜中的小麦哲伦云

滤镜

星系碰撞

在宇宙中，导致星系变形甚至合并的交互作用和撞击现象随处可见，有的就发生在我们的眼皮底下。同类相食，恒星燃烧……注意了，这都是非常暴力的场面！

当引力主宰一切时……

宇宙在膨胀，在这个规模上，星系之间的距离越来越远。然而有时候，有些恒星受到引力的作用聚集在一起形成星团。受到影响的星系可以在互相摩擦时掠夺数百万颗星星，还可以关起门来大打出手。

……大星系吃掉小星系

双臂被分开、星星被强夺，星系重新出来时已经被这些相互作用搞得面目全非……这就是它们在路过比自己大得多的同类时挨得过近的结果。你们听说过半人马座 ω 星团吗？它可能就是某个古老星系被银河系吞噬了部分星星后再吐出来的骨头架子。

哈勃望远镜对触须双星系的特写，它们的碰撞产生了壮观的星焰

恒星的焰火

恒星之间的距离太远了，远到它们在星系相撞时不会遇到任何危险。然而，撞击能让星系内的大部分气云坍缩，以疯狂的节奏造就恒星：这就是所谓的恒星形成区。当星系之间发生简单的相互作用时，这样的焰火也会出现，就像因银河系的拉扯在麦哲伦星系中发生的那样。大麦哲伦星系中的蜘蛛星云被认为是全宇宙中最活跃的恒星形成区之一。

Q&A 在春季的空中展现出美丽橘黄色的大角星有什么特点？

它的轨道表明其来自一个被银河系俘获的陌生星系。它在天空中的运动位置也是群星中最高的之一。

远看

麦哲伦云与银河系的交互（南半球）。

麦哲伦云、被压扁的M51。

L60

麦哲伦云变形、大麦哲伦云边缘的蜘蛛星云、被分开的M51。

T115

M51的两个核心、茧星系（NGC4485-90）、触须星系（NGC4038-39）。

T200

M51螺旋臂的一部分、触须星系和连体双胞胎星系（NGC4567-68）中的双星系交互景观。

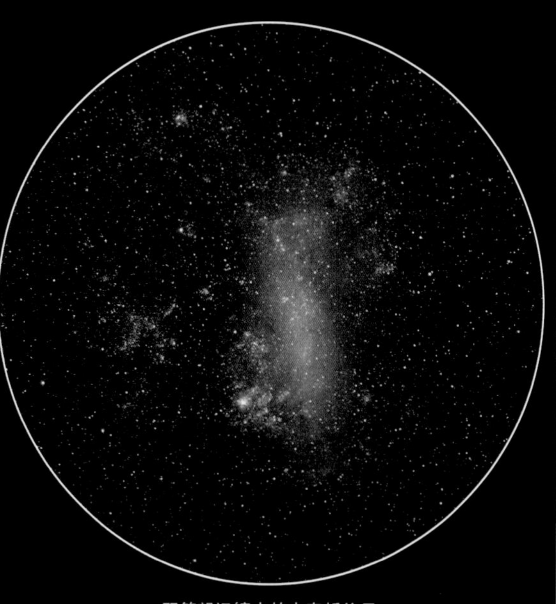

双筒望远镜中的大麦哲伦云

何时观测

全年

何地观测

涡状星系

在涡状星系(M51)中，较大的旋涡星系将其小伙伴(NGC 5195)变得面目全非，以至于天文学家们现在也难以确定NGC 5195的准确形态。某种物质的桥梁似乎连接了这两个星系，但这其实是一个透视效果：小星系在大星系身后几十万光年远的地方。这对交互作用星系很容易被观察到。放大10倍的双筒望远镜已经可以让你分辨出两个斑点，一架80毫米望远镜足以将两个弥漫介质分开；而在200毫米望远镜中，两个星系的核球闪闪发光，观察者可以预测螺旋臂的位置。

天文望远镜中的涡状星系

触须星系

NGC4038和NGC4039这对星系向我们揭示了星系之间的碰撞。就像是在现场观看一场点亮了数以千计的星云和年轻的恒星团的绚烂焰火。另外，碰撞喷射出两股包含星星和气体的混合物，赋予其“触须星系”的别称。两个星系将在4亿年后融合成单一的椭圆星系。在这段时间内，还能够在80—100毫米望远镜中观察到两颗恒星如同一块三角形的模糊斑块。使用200毫米望远镜，根据其V字形的外观可以辨认出触须星系。想要观察得更仔细些，就交给摄影师们去做吧。

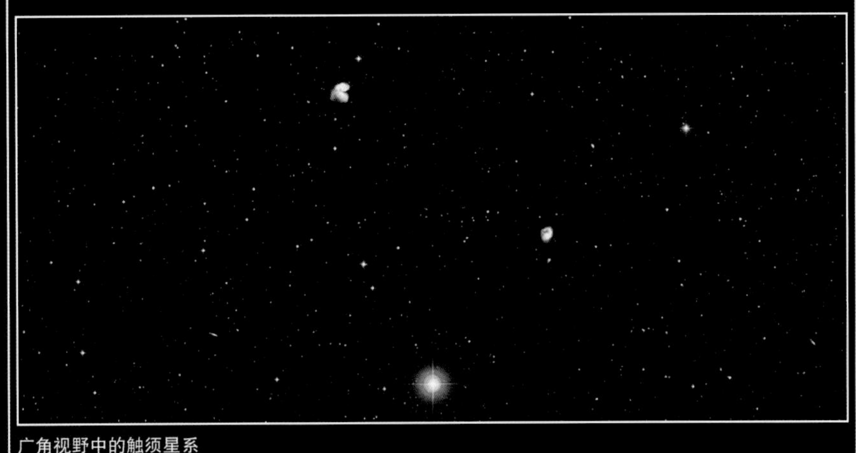

广角视野中的触须星系

放大率

最大 × 2

强 × 1

中 × 1/2

弱 × 1/4

滤镜

室女星系团

在仅仅5 000万光年的距离之外，有 个聚集了2 000个旋涡星系和椭圆星系的地方令人印象极为深刻。这个星系团是拉尼亚凯亚的主宰点，我们承受了其巨大的引力作用。

椭圆星系在中间，旋涡星系在外围

像室女星系团这样的超星系团的核心都被一个巨大的椭圆星系所占据。这种由数十亿颗星星构成的星系是古老的旋涡星系因距离过近不可避免地碰撞后融合而成的。越靠近外围，旋涡星系越多、越美，并开始沿着著名的星系纤维分布；其规模之大，无处不在。

和M87星系一起潜入室女星系团的中心，图为哈勃望远镜所摄，有着前所未有的珍贵细节

宇宙中最大的星系？

位于室女座中心的M87是一个硕大的椭圆星系，其质量是我们星系的200倍呢！ M87的直径有几千万光年，是宇宙中体积最大、质量也可能最大的星系之一。在它的中心，物质围绕着一个巨大的黑洞运动，形成的等离子体喷射物以接近光速的速度被猛烈抛出，令人叹为观止。

红移与蓝移的差别

当运动中的物体快速远离时，它发出红光；当它靠近时，发出的是蓝光：这就是多普勒效应。室女星系团的红移表明室女座正在以1 200千米/秒的速度离我们而去，这也证明了宇宙在膨胀。然而星团中心的几个星系的动向却出人意料，它们看起来似乎是蓝色的：M86星系十分活跃地快速运动着，仿佛要冲向我们！

Q&A 是什么将我们与室女星系团——这个拉尼亚凯亚最壮观的区域——连接起来的？

一方面是被引力，但另一方面也是被巨大的星系纤维连接起来的。其中之一就是阔边帽星系M104（见第163页）。

远看

看不见。

大约12个星系、椭圆星系（M84、M86、M87）和旋涡星系（M88、M90、M91、M99、M100……）像一些小小的斑点。

L60

大约30个星系、椭圆星系和旋涡星系之间形状和亮度的不同。

T115

大约80个星系、椭圆星系的延展程度不同（M86比M84更长）、旋涡星系的核球。

T200

近150个星系、大椭圆星系明亮的核心、几个星系螺旋臂的开端（M99、M100）。

广角视野中的室女星系团

何时观测

何地观测

春季

双筒望远镜中的拉尼亚凯亚的心脏

观察室女星系团，在某种意义上就是观察拉尼亚凯亚的心脏。观察可以使用双筒望远镜。请缓缓扫视狮子座的五帝座一和室女座的东次将之间几乎空无一星的区域：3个小小的灰色光池出现了，这是室女星系团中的最大的3个星系：M84、M86、M87。其中，M84和M86的实际距离比望远镜中看到的要远得多，否则这两个星系早就因为引力融合到一起了。

马卡良星系

马卡良星系是一系列诞生于室女星系团心脏部位的星系链。马卡良星系的大部分星系在不同的视角下都呈双面凸透镜状，还有NGC4435和NGC4438两个旋涡星系，它们都在星团的中央苟延残喘。用最低放大率的100毫米天文望远镜观察，这片美丽的星系纤维能完整地出现在视野中。更强大的天文望远镜则可揭示组成它的各种星系的不同形状。

放大后的NGC4435–NGC4438双星系

天文望远镜中的室女星系团

滤镜

宇宙的边缘

和5个世纪前海洋的探索者一样，人们还不知道苍穹的尽头有什么，甚至不知道它是否有一个尽头。即使如此，我们也已在宇宙中看得很远了

追溯时间……

光在真空中的传播速度为300 000千米/秒，这暗示了天文学中最不可思议的一件事情：我们看得越远，我们能了解到的过去就越多。在拉尼亚凯亚超星系团之外，还存在着其他超星系团。由于距离遥远，我们在地球上看到的就是它们数十亿年前的样子。最远的超星系团距离我们大约有120亿光年。

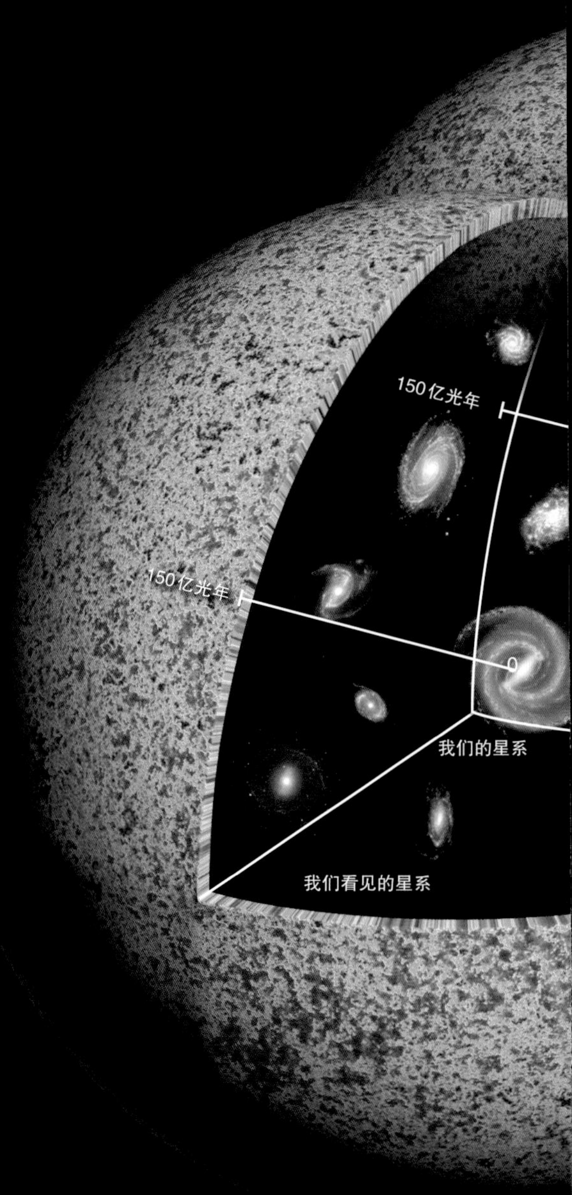

宇宙的实际大小比我们看到的要大得多。它可能是无边无际

……直到第一批星系诞生

超星系团在宇宙的最初20亿年还没有出现，但当时已经有独立星系存在了。哈勃太空望远镜捕捉到了130亿年前的星系，它们是什么样的呢？它们看起来非常红，这是因为它们正在以接近光的速度相分离，这导致了明显的光谱红移；而且，这些年轻的星系比现在的星系更小，更不对称。它们可能是宇宙中的小“团块”形成的，这些小“团块”是一些在宇宙的第一束光——宇宙微波背景辐射——中发现的非均匀性物

宇宙是有限还是无限的？

由于光的传播速度有限，而且宇宙不是一直存在，我们无法观测到138亿光年之外的地方。倒不是因为更远的地方什么都没有了，而是因为更遥远的星系的光还没有到达我们这里。可观测的宇宙是一个以地球为中心、大小有限的球体，那么真实的宇宙有多大呢？这取决于宇宙的曲率：最坏的情况下曲率为0，宇宙是无限的！即使在最好的情况下，曲率也很小，宇宙的大小有限；在这种情况下，可观测宇宙也只占整个宇宙的2%。

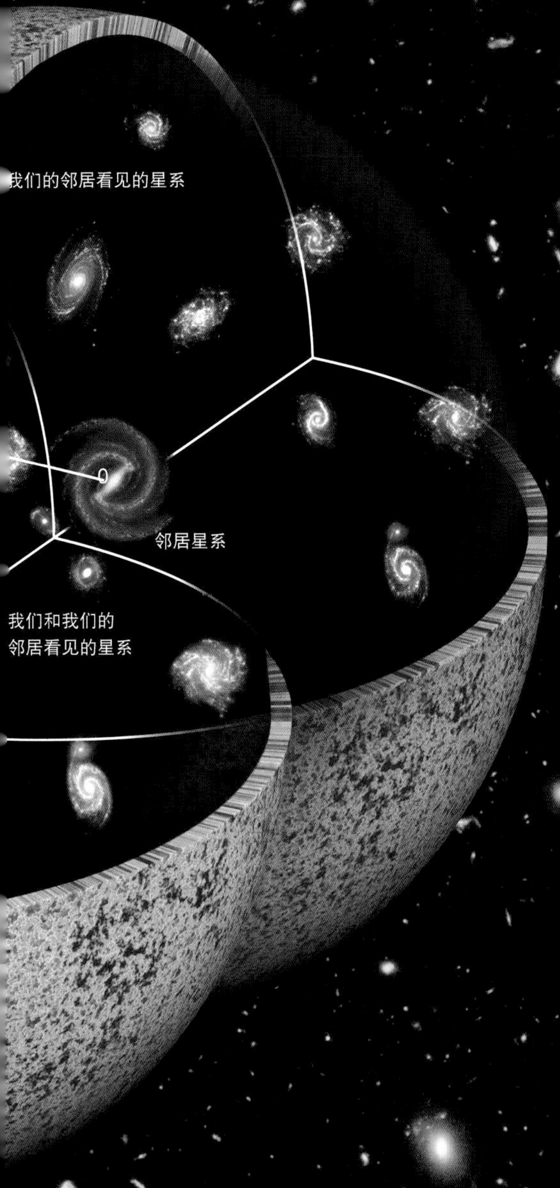

我们的邻居看见的星系

邻居星系

我们和我们的
邻居看见的星系

Q&A 已观测到的最年长的星系多少岁了？

我们观测到的最遥远——也是最古老——的星系可能是大熊座里的GN-z11。它距我们有134亿光年之遥，诞生于大概4亿年前，发生在大爆炸结束的黑暗时期之后。

肉眼无法观察到任何遥远的天体，卫星电视可探测到部分宇宙微波背景。

无法观察到任何拉尼亚凯亚超星系团以外的星辰。

L60

同上。

T115

同上。

T200

在能见度范围内可观察到一两个拉尼亚凯亚超星系团之外的星系团（比如后发座星系团）、数个四五十亿光年之外的明亮星系（类星体）。

天文望远镜中的后发座星系团

何时观测

全年

何地观测

奇怪的类星体

某些遥远的星系的中心有一个特别活跃的黑洞，因此发出强烈的光芒。也正是因为这一特点，它们被称为类星体。它们之中最明亮的是室女座的3C 273，距离我们24.4亿光年，比仙女座星系还要远1 000倍（见第156页）。该星系在200毫米天文望远镜中看起来是一个小蓝点。当它中央的黑洞吃完了所有的星星后，我们就再也不能在如此遥远的地球上观察到它了。不过目前，如果它位于天琴座织女星的位置，会看起来比太阳还耀眼！

哈勃望远镜拍摄的3C 273类星体的特写镜头

听一听宇宙微波背景

1965年，彭齐亚斯和威尔逊用射电天线意外记录下来了宇宙的第一束光，即宇宙微波背景。这是人类第一次捕捉到宇宙微波背景。我们也能捕捉到吗？答案是肯定的！打开你的电视机（连接上耙状天线）或收音机，调到只有噪点或杂音的频道，这些噪点或杂音中的1%—2%来自宇宙微波背景辐射——这样你就可以听到人类可捕捉到的全宇宙最古老的信号了。

遥远的星团（艾贝尔1689区域）

滤镜

第七章

星图

无论是登上地球的卫星，还是根据季节观察天空，你们都需要一流的协助吧？本章的星图就是专门为你们定制的！在图上，你们可以找到本书中出现的月球、天体，以及所有的星座！

月面图

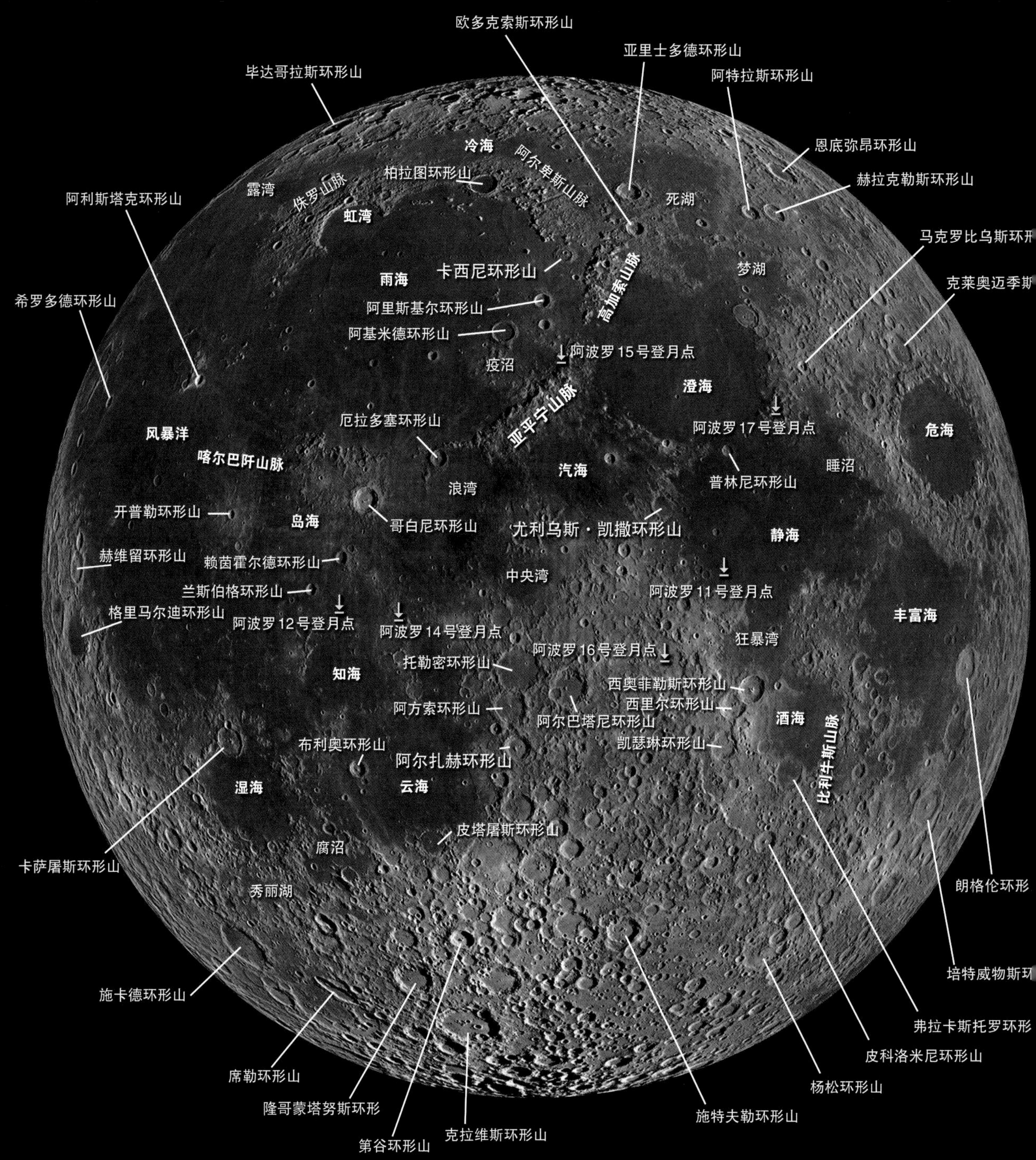

欧多克索斯环形山
亚里士多德环形山
毕达哥拉斯环形山
阿特拉斯环形山
恩底弥昂环形山
冷海
阿尔卑斯山脉
柏拉图环形山
赫拉克勒斯环形山
露湾
侏罗山脉
死湖
阿利斯塔克环形山
虹湾
马克罗比乌斯环形
卡西尼环形山
高加索山脉
雨海
梦湖
克莱奥迈季斯
希罗多德环形山
阿里斯基尔环形山
阿基米德环形山
阿波罗15号登月点
疫沼
澄海
亚平宁山脉
阿波罗17号登月点
厄拉多塞环形山
危海
风暴洋
喀尔巴阡山脉
汽海
睡沼
普林尼环形山
浪湾
开普勒环形山
岛海
哥白尼环形山
尤利乌斯·凯撒环形山
静海
赫维留环形山
赖茵霍尔德环形山
中央湾
阿波罗11号登月点
兰斯伯格环形山
格里马尔迪环形山
阿波罗12号登月点
阿波罗14号登月点
丰富海
狂暴湾
阿波罗16号登月点
托勒密环形山
知海
西奥菲勒斯环形山
西里尔环形山
阿方索环形山
阿尔巴塔尼环形山
酒海
凯瑟琳环形山
布利奥环形山
阿尔扎赫环形山
比利牛斯山脉
湿海
云海
皮塔屠斯环形山
腐沼
卡萨屠斯环形山
朗格伦环形
秀丽湖
培特威物斯环
施卡德环形山
弗拉卡斯托罗环形
皮科洛米尼环形山
席勒环形山
杨松环形山
隆哥蒙塔努斯环形
施特夫勒环形山
克拉维斯环形山
第谷环形山

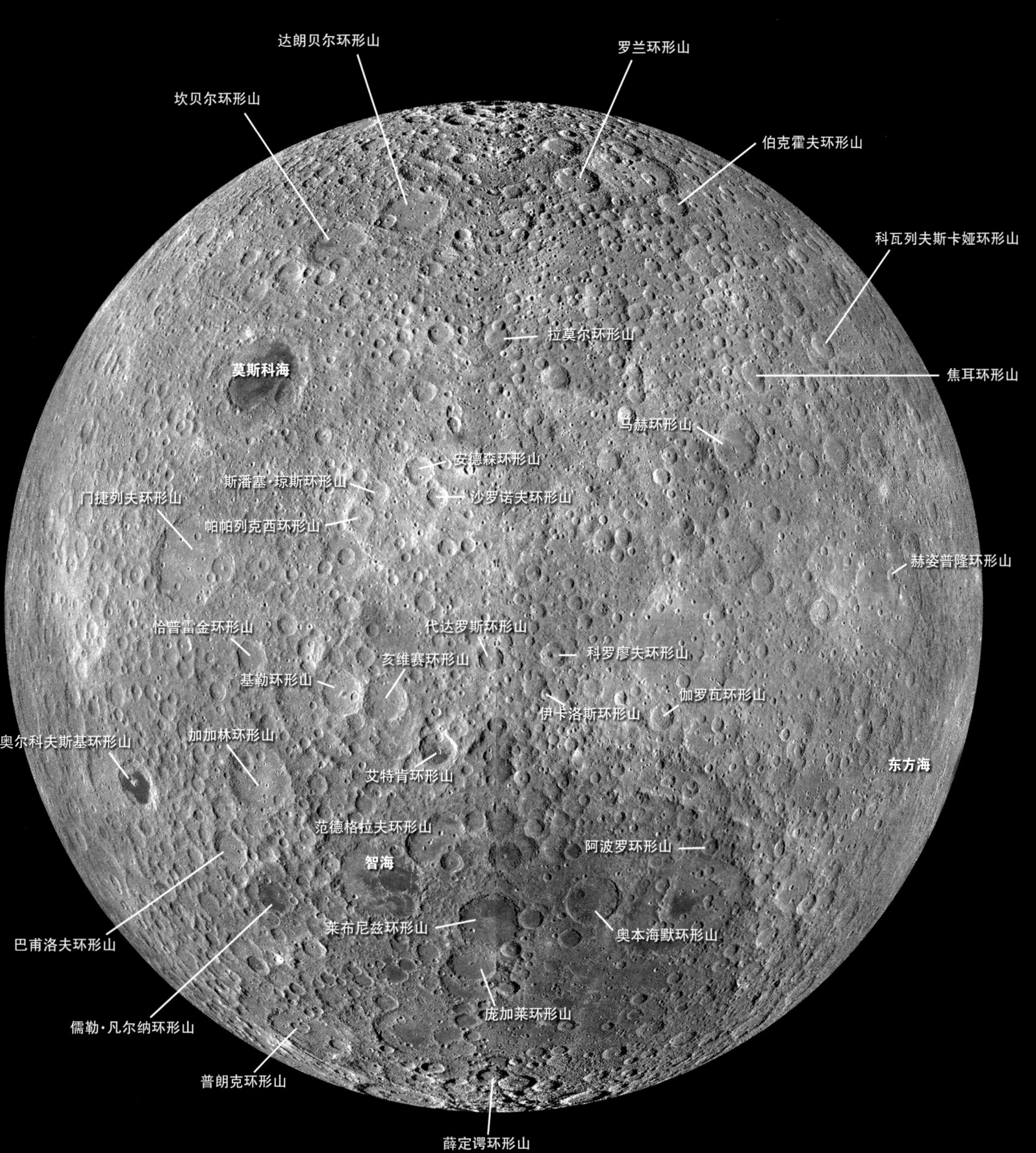
达朗贝尔环形山
罗兰环形山
坎贝尔环形山
伯克霍夫环形山
科瓦列夫斯卡娅环形山
拉莫尔环形山
莫斯科海
焦耳环形山
马赫环形山
安德森环形山
斯潘塞·琼斯环形山
门捷列夫环形山
沙罗诺夫环形山
帕帕列克西环形山
赫姿普隆环形山
恰普雷金环形山
代达罗斯环形山
科罗廖夫环形山
亥维赛环形山
基勒环形山
伽罗瓦环形山
伊卡洛斯环形山
奥尔科夫斯基环形山
加加林环形山
艾特肯环形山
东方海
范德格拉夫环形山
阿波罗环形山
智海
莱布尼兹环形山
奥本海默环形山
巴甫洛夫环形山
庞加莱环形山
儒勒·凡尔纳环形山
普朗克环形山
薛定谔环形山

M56
M57
天琴座
织女星
小熊座
天龙座
M92
M101
开阳星和开阳辅星
武仙座
M13
M51
M106
M63
M94
牧夫座
北冕座
后发座
M3
蛇夫座
巨蛇座
大角星
M64
M53
M100
M90
M87
M49
M5
3c273
M10
室女座
M107
角宿一
M104
天秤座
乌鸦座
M68
SE

春季星图

御夫座
M38
M36
M37
M1
M82
M81
天猫座
大熊座
M35
双子座
北河三
小狮座
巨蟹座
M44
小犬座
狮子座
轩辕十四
M67
南河三
M65
M96
M66
六分仪座
麒麟座
M50
M48
巨爵座
M46
M47
长蛇座
GC4038-39
SW

M52
仙王座
蝎虎座
M39
天津四
飞马座
天鹅座
M29
织女星
天琴座
M56
M57
辇道增七
M27
天箭座
M71
M15
牛郎星
小马座
M2
天鹰座
宝瓶座
M11
盾牌座
M72
M73
M17
M18
M25
M28
摩羯座
M75
M30
M22
M55
SE
人马座

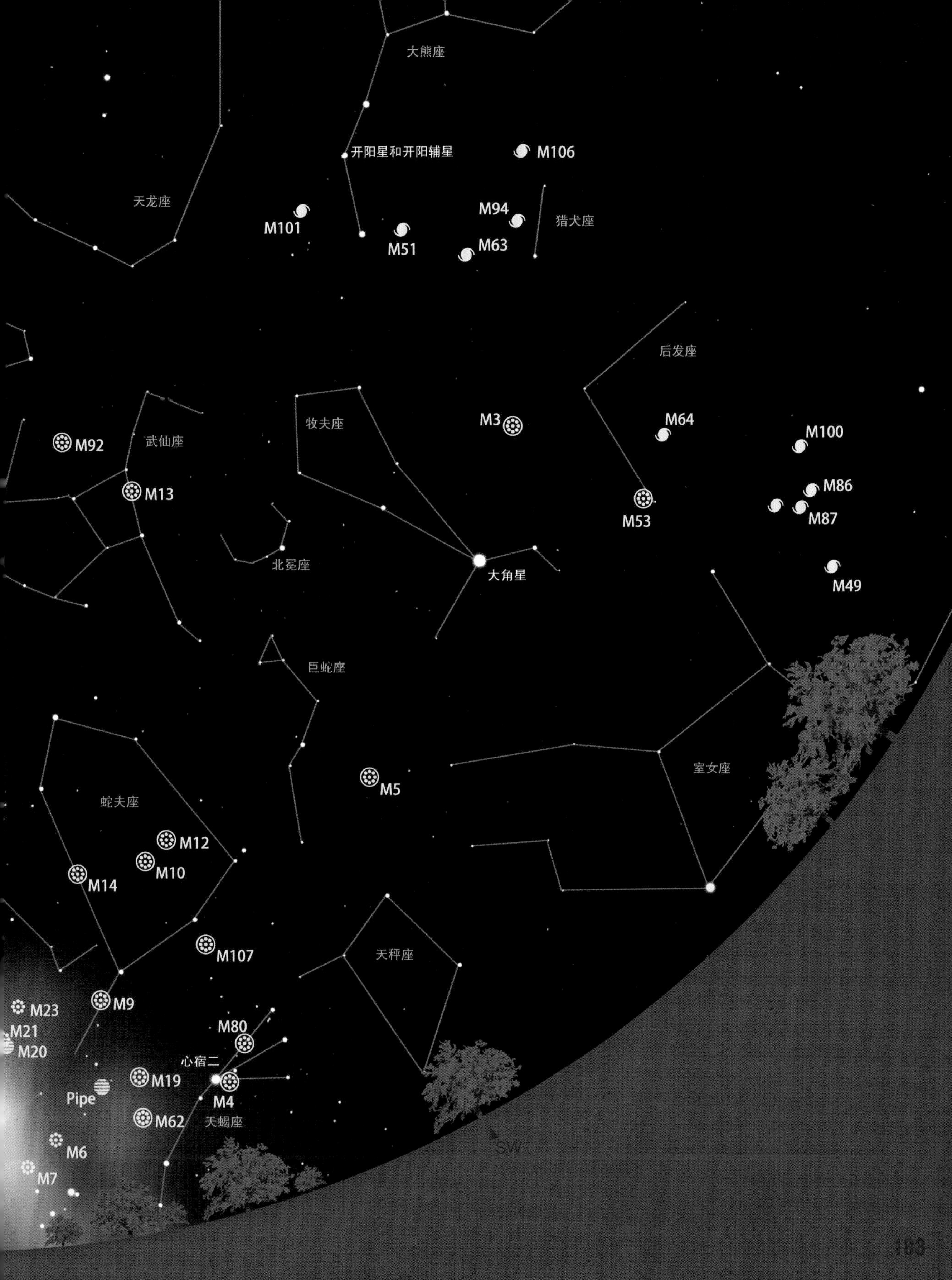
大熊座
开阳星和开阳辅星
M106
天龙座
M101
M51
M94
M63
猎犬座
后发座
牧夫座
武仙座
M92
M3
M64
M100
M13
M53
M86
M87
北冕座
大角星
M49
巨蛇座
室女座
M5
蛇夫座
M12
M10
M14
M107
天秤座
M9
M23
M21
M20
M80
心宿二
M19
M4
Pipe
M62
天蝎座
M6
SW
M7

北河二
双子座
五车二
M37
M38
M36
M35
M103
仙后座
英仙座
大陵五
M34
M1
M31
M32
M110
昴星团
M45
三角座
M33
毕宿五
参宿四
金牛座
白羊座
猎户座
M74
双鱼座
M77
米拉
鲸鱼座
波江座
SE
秋季星图

武仙座
仙王座
织女星
天琴座
M52
M39
天津四
天鹅座
M56
M29
蝎虎座
辇道增七
M74
狐狸座
M27
天箭座
M71
海豚座
天鹰座
飞马座
牛郎星
M15
小马座
M2
宝瓶座
M32
M77
摩羯座
M30
南鱼座
玉夫座
北落师门
SW

大熊座
M94
M106
M82
M81
天猫座
小狮座
北河二
狮子座
M66
M65
巨蟹座
M44
双子座
M96
M95
M67
小犬座
南河三
麒麟座
M48
长蛇座
M50
M47
天狼星
M46
大犬座
M41
M93
SE

冬季星图

仙后座
M103
M110
M31
M32
飞马座
M34
大陵五
M33
五车二
英仙座
M38
M36
御夫座
M37
昴星团
M45
M74
双鱼座
M1
金牛座
毕宿五
参宿四
M77
刍藁增二
M78
猎户座
M42
参宿七
鲸鱼座
天兔座R
波江座
天兔座
M79
SW

参考书目

天文学专著

Bell J., *Le beau livre de l'astronomie,* Dunod, 2013.

Bond P., *L'exploration du système solaire*, De Boeck, 2014.

Brahic Bradfort Smith A., *Terres d'ailleurs*, Odile Jacob, 2015.

Frankel Ch., *L'aventure Apollo*, Dunod, 2018.

Hawking S., *Sur les épaules des géants*, Dunod, 2014.

Henarejos P., *Ils ont marché sur la Lune*, Belin, 2018.

Lecavelier des Étangs A., Martin E., *Le ciel et les étoiles sans complexe,* Hugo et compagnie, 2009.

Luminet J.-P., Lachièrze-Rey M., *De l'infini*, Dunod, 2016.

Nazé Y., *Les couleurs de l'Univers*, Belin, 2005.

Paul J., Robert-Esil J.-L., *Le beau livre de l'Univers*, Dunod, 2016.

Reeves H., *L'Univers expliqué en images*, Seuil, 2012.

实用天文学指南

Cannat G., *Le ciel à l'œil nu*, amds édition.

Cannat G., *Le guide du ciel*, amds édition.

Lecureil P., *Photographier le ciel de jour comme de nuit*, Axilone, 2016.

Masson C. et J.-M., *Copains du ciel*, Milan, 2013.

Pellequer B., *Petit guide du ciel*, Points Science, 2014.

著者的更多作品

101 Merveilles du ciel qu'il faut avoir vues dans sa vie (2e éd.), Dunod, 2016.

À la découverte du ciel (2e éd.), Dunod, 2015.

Avec Beaudoin C., *Petites expériences insolites pour découvrir l'Univers*, Dunod, 2015.

Photographier les astres en toutes saisons, Dunod, 2007.

出版后记 · 为什么我们仍在仰望星空

从有历史记载的最早的天文观测开始，人类社会已经发生了翻天覆地的变化。到了新世纪，随着科学技术的不断发展，观测天文学也已迈入新阶段。这门在古代只有富裕的贵族才能接触到的学科，如今也已走入千家万户。只需一部智能手机，任何人都可以借助强大的应用软件了解到最新的天文动态。若想近距离观察宇宙，一台入门级天文望远镜的售价也不过数千元——我们与天空，正在前所未有地靠近。从另一方面来看，科技进步虽然给星空爱好者提供了许多便利，但也在不知不觉中侵蚀着人们的生活：当我们沉湎于虚拟世界带来的感官刺激时，仰望星空，还能带给我们最纯粹的感动吗？

我们认为，市面上越来越多的天文类图书，就是对这个问题最好的回答。从针对天文学专业人士的教材到面向普罗大众的科普读物，与天文相关的出版物比以往更加丰富，涉猎的主题也更为多元——不仅涵盖了星球、星系本身，还延伸到天文观测、航天技术、量子力学等与天文相关的一切。《光年之外》正是这样一本普及星空和天文观测的读物。本书的出版，离不开译者、编辑、校对的辛勤工作，而没有厦门大学航空航天学院的刘震博士和伊利诺伊大学厄巴纳-香槟分校的王云开博士的大力帮助，本书更无法呈现在各位读者的手中，我们想在此对两位博士表达诚挚的谢意。但愿您在读完本书后，对浩瀚宇宙的了解和兴趣都能有所增加——果真如此，我们就实现了出版本书的初衷。

后浪出版公司

2021年3月

图书在版编目（CIP）数据

光年之外：宇宙观测第一课 /（法）埃玛纽埃尔·博杜安，（法）埃玛纽埃尔·德洛尔著；刘存孝，刘思瑞译. -- 北京：北京联合出版公司，2021.5

ISBN 978-7-5596-5140-2

Ⅰ. ①光… Ⅱ. ①埃… ②埃… ③刘… ④刘… Ⅲ. ①天文学—普及读物 Ⅳ. ① P1-49

中国版本图书馆 CIP 数据核字 (2021) 第 052526 号

Originally published in France as:
L'astronomie comme vous ne l'avez jamais vue,
by Emmanuel BEAUDOIN and Emmanuel DELORT

光年之外：宇宙观测第一课

著　　者：［法］埃玛纽埃尔·博杜安　［法］埃玛纽埃尔·德洛尔
译　　者：刘存孝　刘思瑞
出 品 人：赵红仕
选题策划：后浪出版公司
出版统筹：吴兴元
编辑统筹：郝明慧
责任编辑：牛炜征
特约编辑：荣艺杰
特约校对：高连昊
营销推广：ONEBOOK
封面设计：墨白空间·张　萌

北京联合出版公司出版
（北京市西城区德外大街 83 号楼 9 层　100088）
北京盛通印刷股份有限公司印刷　新华书店经销
字数 88 千字　787 毫米 × 1092 毫米　1/16　12 印张
2021 年 5 月第 1 版　2021 年 5 月第 1 次印刷
ISBN 978-7-5596-5140-2
定价：128.00 元

后浪出版咨询(北京)有限责任公司 常年法律顾问：北京大成律师事务所　周天晖 copyright@hinabook.com